U0163051

明室
Lucida

照亮阅读的人

昆虫学家的撒哈拉历险

战斗吧，蝗虫博士！

前野ウルド浩太郎

[日] 前野·乌鲁德·浩太郎 著　曹逸冰 译

北京联合出版公司
Beijing United Publishing Co.,Ltd.

简体中文版作者前言

　　中国与蝗虫缠斗了千百年。蝗虫大规模爆发导致的农作物损害被称为"蝗灾"。自古以来，蝗灾与干旱、水灾一样，都是人们的心头大患。"飞蝗"一词由意为长距离飞行的"飞"和左虫右皇的"蝗"组成。"蝗"字的起源有若干种说法。有人认为，能否阻止蝗灾造成的破坏关系到皇帝的生死，所以才带了个"皇"字。也有人认为,蝗虫背上的三条沟神似"王"字，因此得名。

　　中国在 1958 年开展了"除四害"运动。除了老鼠、苍蝇和蚊子，麻雀也被定性为危害粮食的害鸟，人人喊打。谁知一下子消灭了一亿只麻雀，竟导致了

蝗虫的爆发。因为麻雀是蝗虫的天敌，平时以蝗虫为食。麻雀骤然消失，生态系统就失去了平衡。蝗灾是关乎国家生死存亡的大问题，因此中国在行政层面推出了一系列重磅措施，并在科研层面持续发力，试图人工控制蝗虫的数量。中国是全球首屈一指的蝗虫研究大国。中国科学院的康乐博士率领的研究团队几乎每年都会发布震撼世界的研究成果。中国农业大学的张龙博士深耕蝗虫防治技术，致力于研发环境友好型生物防治方法，以替代可能造成污染的化学药剂。在他的报告中提到，截至2017年，中国已经部署了127座防控站点，并在全国各地配备了2000多名技术人员，时刻警惕蝗虫来犯。不难看出，中国举全国之力对抗蝗虫，有着"科研抗蝗"的传统。

日本的蝗虫研究却并不兴盛。因为蝗虫爆发在日本难得一见，研究的优先级较低。和平固然值得庆幸，对我这样有志于研究蝗虫的年轻科研工作者来说却是莫大的遗憾。留在日本也没法将"研究蝗虫"作为自己的事业。于是我远赴非洲——因为那里经常爆发沙漠蝗虫。经过十年的努力，我终于在日本的研究所找到了工作，成了一名职业蝗虫研究员。这本书记录的就是我与蝗虫和就业抗争的日日夜夜。日本人普遍怕虫子，这本书却卖了足足20多万册。

怎么会有这么多日本读者拿起了这本百无一用的书？我觉得其中一个原因是，我在书里揭示了自己为"圆梦"想了什么，又做了什么，将一个人的活法展现得淋漓尽致，还写得特别诙谐幽默，于是就激发了读者心中"为奋勇拼搏的人摇旗呐喊的本能"。这种慈爱精神是全人类共通的，没有语言、文化和宗教之分。没有这种愿为他人加油鼓劲的胸怀，中国肯定也无法取得今日的成就。本书的责编也对这份慈爱深有共鸣。不知抗蝗路上的中国前辈们看完之后又会有怎样的感悟呢？

漫漫旅途中，中国文化曾无数次向我伸出援手。请允许我在本书的简体中文版问世之际，向慈爱的中国人民致以由衷的谢意。

原书序

　　如何在百万人里迅速锁定本书的作者呢？教大家一个简单的方法：先变出一群遮天蔽日的蝗虫，让它们飞向人群。人们定会吓得面无血色，撒腿就跑。而在一片混乱之中，你会看到一个绿衣覆体的人异常亢奋地冲向与人潮相反的方向。那就是你要找的人。

　　我对蝗虫过敏，被蝗虫稍微碰一下就会长荨麻疹，痒得厉害。照理说这毛病并不影响日常生活，但我偏偏就是研究蝗虫的，真是太要命了。和蝗虫亲密接触 14 年，也许就是患上这种怪病的原因。

　　我这种人要是沾了一身的蝗虫，怕是会痒到见阎王，可就是忍不住要往蝗虫堆里挤。倒也不是自暴自弃，而是为了实现儿时的梦想——

"好想被蝗虫啃哦。"

上小学时，我在某科学杂志上读到一篇文章，说有位女游客在外国观察蝗虫大爆发的景象时遭遇蝗群，身上的绿衣服都被啃了个干净。文中的描述勾起了我对蝗虫的恐惧，外加对那位游客的羡慕。因为我当时深受法布尔《昆虫记》的触动，暗暗发誓长大了要当个昆虫学家，所以很眼红她能体验到"虫子爬满全身"的感觉。

想当一个热爱虫子也被虫子喜爱的昆虫学家——从那时起，穿上绿色的衣服冲入蝗群，用自己的全身与它们谈情说爱便成了我的梦想。

光阴荏苒，我在机缘巧合下研究起了蝗虫，拿到了博士学位。好不容易迈上了通往昆虫学家的道路，却遭遇了一个儿时从未设想过的难题——大人必须在社会上挣钱糊口。谁会掏钱供我观察蝗虫呢？祖师爷法布尔当年也得靠教书赚钱呢。

苍天啊！我已走到了无法轻易回头的境地，却把"养活自己"这件事忘得一干二净。想当年，大人对孩子的期待不外乎"读博当官"，可现如今博士满街跑，随便丢块石头都能砸中几个博士。供给过剩的博士不得不四处彷徨，艰难求职。竞争如此激烈，继续朝着"职业昆虫学家"努力真的明智吗？

哪怕博士再多，只要社会需要他们的研究，就不愁找不到工作。问题是，蝗灾在日本几乎绝迹，因此研究蝗虫的必要性很低，找一份与蝗虫有关的工作简直难于登天。即便暗暗诅咒"日本飞蝗泛滥"，"蝗群来袭"这样的大标题也不会出现在报纸和杂志上。就在我一筹莫展、远眺出神时，外国的窘境映入眼帘——非洲蝗灾频发，农作物大面积受损，引发了严重的饥荒。

重大的国际问题当前，照理说世界各国都该早就投入大量资源深入研究，大部分机制肯定也已被阐明，我这个远在日本的科研人员哪还有出场的机会。可一查才知道，在过去的40多年里，没有一个训练有素的专家扎根于非洲钻研蝗虫，以至于蝗虫的科研陷入了停滞。既然没人在做，那么初出茅庐的博士全力一搏，说不定也能有新发现。

既能与蝗群缠缠绵绵，又能顺手解决非洲的粮食问题。若能携科研成果凯旋，在日本的科研机构找到工作的可能性就会直线上升。有戏！这不就是一条既能被蝗虫啃，又能以昆虫学家的身份养活自己的康庄大道吗！

这似乎是一条实现梦想的捷径。于是乎，我在31岁那年的春天远赴非洲，前往西非的沙漠国度——面积三倍于日本的毛里塔尼亚。当年住在那里的日本人不过13个，连著名的系列旅游指南《地球的走法》（钻石社）都没有提到过它。这样一个陌生的国度，便是我奋斗的舞台。我研究的"沙漠蝗虫"（*Schistocerca gregaria*）栖息于沙漠，为了深入观察它们的野外生态，我不得不在撒哈拉沙漠风餐露宿。对一个出身雪乡秋田的人来说，沙漠显然太热了，非洲人也听不懂东北话[1]……但我还是撂下了种种顾虑，双目直视前方，孤身一人踏上了前往

1　指秋田县使用的带日本东北口音的日语。——本书注释均为译者注

非洲的旅程。

那段经历让我深刻意识到，建立在自然现象之上的人生规划是多么不堪一击。以蝗灾之多闻名全球的毛里塔尼亚竟遭遇了建国以来最严重的干旱，蝗虫骤然销声匿迹。赌上自己的下半辈子，千里迢迢来到非洲，等待着我的却是一场朴实无华的不幸——找不到研究素材。

屋漏偏逢连夜雨，还没做出什么像样的成绩，我便陷入了"没有收入"的窘境，只得动用仅有的积蓄，咬牙留在非洲，等待与蝗群正面交锋的机会。眼看着时间、财产与心力被蝗虫啃噬殆尽……存款只够再撑一年。我能否在被蝗虫啃得渣也不剩之前抓住救命稻草，留下一缕生的希望？

本书讲述的，便是一位年轻的博士为了拯救人类、实现自己的梦想，孤身勇闯撒哈拉沙漠，与蝗虫和成年人难以言说的酸甜苦辣拼死缠斗的日日夜夜。

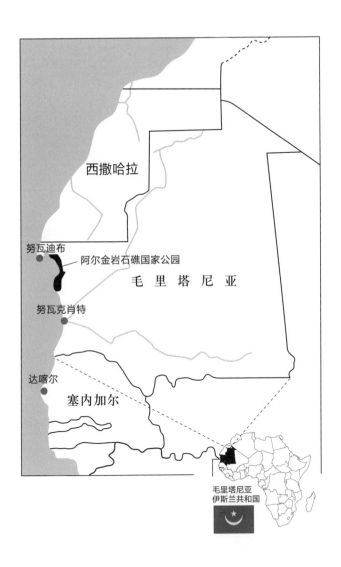

西撒哈拉

努瓦迪布

阿尔金岩石礁国家公园

毛 里 塔 尼 亚

努瓦克肖特

达喀尔

塞内加尔

毛里塔尼亚
伊斯兰共和国

• 本书地图系原书插附地图

目 录

第一章

在撒哈拉挥洒青春

撒哈拉的洗礼

2011 年 4 月 11 日，我经法国巴黎前往西非国家毛里塔尼亚。好不容易在巴黎的机场熬过了长达九个小时的转机时间，我孤身走向登机口。迎接我的是缠着头巾、只露出一双眼睛的人，还有穿着五颜六色民族服装的女士们。候机厅中已然洋溢着非洲风情。为数不多的亚洲面孔都是中国人，日本人就我一个。机上广播说的是法语和英语，已经听不到日语了。我有种离了保险绳的感觉，不禁竖起耳朵，生怕错过重要的信息。

哪还有闲工夫害怕，好戏还在后头。前所未有的战斗正要拉开序幕。非洲的蝗虫问题迟迟没有解决，就是因为我还没去实地研究。无名博士已是斗志昂扬，决意在世界舞台上大展身手。谁知没过多久，干劲就变成了叹息——

飞机倒是在毛里塔尼亚首都的努瓦克肖特机场平安着陆了，边检却不放人。边检大叔给出的理由貌似是"我计划居住的地址是不存在的"。"貌似"二字从何而来？实不相瞒，我会说的法语（即毛里塔尼亚的通用语言）仅限于简单的问候。我知道当地人几乎听不懂英语，还天真地以为住得久了就自然而然会说法语了，却完全没考虑到落脚之前的难关要如何突破。

"Monsieur, Bonsoir!"（先生，您好！）

我赔着笑脸一遍遍打招呼，在力所能及的范围内想尽了办法，可事态没有丝毫好转。我都这么努力了，毛里塔尼亚人怎么就不懂得变通呢？难道是研究所所长给的地址错了？再这么下去，别说拯救非洲了，怕是连国门都迈不进去就要被直接遣返了。

眼看着其他乘客顺利入境，就剩我一个。照理说研究所派了工作人员来接机，只能等他们意识到情况不对后过来接应了。

见我迟迟没有现身，有过一面之缘的研究所主管希达梅德找来边检，帮忙解释了一下。多亏了他，我总算可以正式踏上毛里塔尼亚的土地了。

据说是因为我将要入住的是研究所内的招待所，但边检认定研究所里没有能住人的地方，所以才不让入境。

跟了一路的行李也已平安抵达。乘客就剩我一个了，想认错都难，但研究所的四名工作人员还是举着写有"TOKYO/MAENO"（东京/前野）的板子热烈欢迎。草草寒暄后，我本想请他们帮忙把大件行李搬出来，谁知多达八个纸板箱的行李引起了保安的怀疑。六个保安将我团团围住，一番盘问。

"身上有钱吗？"保安冷不丁用英语问了这么一句。我只得回答"没有"，因为还没来得及换成当地的货币"乌吉亚"。保安们一听便开箱检查起来。检查也就罢了，可他们把箱子里的东西翻得一塌糊涂，又不放回原位。我的箱子都跟拼图一样塞得严丝合缝，原样装回去着实费劲。

我确信自己没带任何危险品或毒品之类的东西，便抱着轻松的心态看他们查。谁知看着看着，一名保安质问道："这是什么？"那就是一罐平平无奇的啤酒，于是我便回答："Japanese beer."（日本啤酒），结果保安一听便勃然大怒道："No beer!"

毛里塔尼亚的全称是"毛里塔尼亚伊斯兰共和国"。我听说穆斯林禁止饮酒，但信仰其他宗教的人是无所谓的，所以才大老远带啤酒过来……殊不知连带都不许带。啤酒罐被接连翻了出来。我甚至带了一台冷藏箱，就为了在沙漠里喝上一口透心凉的啤酒……美梦、希望与未来就这么生生被夺走了。

更要命的是，保安的魔爪伸向了我在巴黎机场采购的威士忌。售货员小姐姐说得清清楚楚，"去毛里塔尼亚的话，每人最多可以带两瓶哦"……不，她只说可以"带"，却没说可以"带进去"。

"这不是啤酒，应该不要紧吧！"我据理力争，却遭到了无情的驳回，任何酒类饮品都不得入境。最终，带去的所有酒水——十罐啤酒和两瓶威士忌都被没收了（后来才知道，保安是因为得不到贿赂才拿我撒气）。

天哪……由于行李份额有限，我不得不放弃味噌，改带酒水，千辛万苦背来的酒却被收了个精光，简直岂有此理

（怒）！飞机上邻座的荷兰人说，毛里塔尼亚没有酒铺。禁酒生活已是避无可避。我就此坠入绝望的深渊，拯救非洲的激情已成过往。

一系列的收缴闹剧把研究所的工作人员都看傻了。他们的表情仿佛在说："这家伙到底是来干什么的？"出师不利，莫过于此。

我怀着悲痛的心情坐上车，赶赴目的地。到达研究所后，司机狂按一通喇叭，叫门卫起来打开沉重的大铁门。

将要入住的招待所是一栋清水混凝土平房。我接过钥匙，轻轻开门入内。只见房门口摆着假花，一派迎接新朋友的景象。

将要入住的混凝土平房，研究所附设的招待所

公用起居室兼宴会厅

招待所共有三个房间，但眼下没人住。我会是第一个在这里长住的人。

房间约莫八帖[1]，配有特大双人床、书桌、衣橱和衣柜。床上盖着花朵图案的床罩，空调送来徐徐清风。每个房间都有独立的厕所和淋浴房。床边还有一台小冰箱，打开一看，里面放着水果拼盘和一排果汁。书桌上还有一盒崭新的纸巾，顽固的第一张带了好几张出来。如此细致入微的款待着实令人始料未及……公用起居室很是宽敞，足以容纳 20 人，还摆着沙发。

这待遇也太好了！我在心中发誓要以研究成果回报众人的

1　1 帖为 1 张榻榻米的大小，宽 90 厘米，长 180 厘米。

毛里塔尼亚的和平守护者——国立沙漠蝗虫研究所

美意，决定先睡上一觉，从长计议。长途跋涉了 35 个小时，总算能躺下歇会儿了。先用指南针看了看房间的朝向，生怕睡觉的时候头朝北[1]，所幸床本就朝东摆着。这也太贴心了！我就这样怀着感动与被没收酒水之仇的愤懑躺倒了。

第二天早上，希达梅德带我参观了研究所。还记得两年前来访时，研究所还是一栋平房，如今却变成了气派的双层小楼。我问："你们是不是搬过家啊？"希达梅德回答："这栋楼是去年建的，老房子在围墙后面。"

---

1 日本人有停灵时头朝北的习俗，认为头朝北睡不吉利。

据说招待所就是世界银行在援建新办公楼的时候顺便建的。有招待所，就说明研究所常有访客。

其实，研究所在某沙漠小镇设有分部，我还以为得去那儿艰苦奋斗呢。分部后面便是一望无际的沙漠，我做好了在沙漠苦熬的思想准备，来之前刻意降低了生活水准。因此，能住上首都的舒适招待所也算是意外之喜了。

本想问候一下研究所的巴巴所长，可惜他去外国出差了，第二天才能回来。不搞科研的工作人员不会说英语，我只能用法语"Bonjour"跟他们打招呼。研究所能上网，我便给家人发邮件报了平安。

研究所有位看门的保安，他很是体贴地帮我买了山羊肉三明治和可口可乐当午餐。日本人印象中的"三明治"是夹着馅料的松软切片面包，可这边的三明治是用硬得没法"一刀两断"的法棍做的——只能切一条缝，再把食材夹进去。馅料是用伍斯特酱烹制的碎山羊肉和洋葱，外加足量炸薯条。罐装可乐是熟悉的红色，但上面印着阿拉伯语。异国的可乐也同样美味。我忙着收拾行李，一下午很快就过去了。

晚餐是研究所的专属厨师来招待所做的"洋葱酱炸全鸡"。那晚同住招待所的美国人基思与我做伴。

基思任职于联合国粮食及农业组织（FAO，总部位于罗马），专门负责非洲的蝗虫问题。他的主要工作是每隔两周从受害国家收集蝗虫爆发的地点和规模等相关信息，发布"蝗虫警报"。细细一问，才知道他是世界级的蝗虫防治专家，经常前往非洲各国指导防治工作，也曾多次目睹成群结队的沙漠蝗虫，这次

原计划入住的研究所分部的屋顶风光。确实是个可以尽情玩沙子的好地方，可惜去最近的机场要足足八个小时

就是来毛里塔尼亚蝗虫研究所视察的。我便请他带我四处走走看看。

在蝗虫的阴霾之下

第二天，我与基思一起参观了蝗虫研究所存放杀虫剂的仓库。消灭蝗虫需要大量的杀虫剂，但杀虫剂对人畜同样有害，还有可能造成环境污染，因此，仓库要建在离城镇尽可能远的地方。

载着我们的车驶离城区，很快就开进了一片沙漠地带。开

一排排装有杀虫剂的铁桶

到半路，只见一辆小车陷在沙子里，司机正朝这边挥手。对方十有八九是在求救，我们的司机却无情地开了过去，视若无睹。

开了大约十千米，便到了一处用铁丝网围起来的地方。明明没什么人，却如此严防死守，里面究竟放着什么？

巨大的仓库建在离院门约500米的地方。为防无关人员入内，仓库可谓是戒备森严。门上印着骷髅头，进门前还要戴口罩。走进阴森恐怖的仓库，一排排受到严格管控的液体杀虫剂映入眼帘。

这座仓库建于一年前。据说杀虫剂储存点原本分散在城区的角角落落，既危险又不方便，所以便集中到了这里。因为建得匆忙，仓库还没有通水电，只能用发电机驱动通风扇。目前铁桶均由大卡车运输，但由于路况不好，只有经验丰富的老司机才能将车平安开到仓库。为了保障运输安全，还需要铺设一条连通城区的好路。

铁桶的处理方法也在这几年里发生了变化。

想当年，人们用完杀虫剂就会把空桶随手扔在沙漠里。当地的游

把铁桶压成饼状的压扁机

牧民用那些空桶盖房子、储水，久而久之就造成了健康问题。所以现在的铁桶都有唯一的序列号，从出货到回收都受到严格管控。空桶要用专门的压扁机压成饼状，分批送回给发货商。

等遭了蝗灾再找供应商订购杀虫剂肯定是来不及的，所以必须常备一定量的杀虫剂以应不时之需。在蝗虫大爆发的时候，再多的杀虫剂也能瞬间用光，可要是蝗虫不来，杀虫剂又会随着时间的推移过期变质。据说为了尽可能保持杀虫剂的药效，周边几个国家会互借杀虫剂，想办法协调一下，从最老的一批用起。

虽然早有耳闻，可我还是好奇防治蝗虫真的需要如此夸张的设施吗？看不到敌人，就很难燃起斗志。真想早点见到实物啊——

接风宴。巴巴所长（右一）与基思（左一）

蝗虫大家庭

　　回到研究所时，巴巴所长恰好从阿尔及利亚出差归来。他身宽体胖，面相温和，浑身上下却透着股深不可测的霸气，兼具武将的威严。当天中午，所长设宴为我接风洗尘。20 多名研究所的工作人员齐聚一堂。所长激励我道：

　　"在日本刚发生大地震的艰难时刻背井离乡，与亲友分别，你心里肯定很不好受。难为你能坚定信念，来到我们毛里塔尼亚。沙漠中的野外调查条件严苛，许多科研人员更愿意待在实验室里，亏你能下定决心迈出这一步。我们热烈欢迎来自日本的武士。你的努力对我们毛里塔尼亚和日本都是莫大的鼓舞，一定要好好干！"

我深受感动，与所长激情握手。所长的手掌大而有力。我也用磕磕巴巴的英语昂首做了自我介绍。

基思也表示，非常欢迎我成为蝗虫联络网的一员。

"我很庆幸能在这里遇到刚来非洲的你。蝗虫研究所能像这样援助来自日本的科研人员，与他们建立联系，对世界而言也是好事一桩。我们这些常和蝗虫打交道的人都很期待你未来的研究成果。从今往后，你也是这个蝗虫大家庭的一分子了！"

虽然我才刚到，还没来得及做什么，但能在异国他乡得到这样的认可与接纳着实叫人欣喜。而且大家都是用对待科研工作者的态度对待我的，搞得我既难为情，又觉得重任在肩。

按照惯例，新来的科研人员要公开介绍自己的研究内容，权当是自我介绍。研究所也让我过两天发表一下迄今为止的研究成果和这两年的研究计划。我自认为这些年研究出了不少本地科研人员都不了解的蝗虫的秘密，认定那是一个自我表现的好机会。

不过在发表研究计划、请同行们品评之前，得先野外调查一下，评估计划是否可行。无论接下来要做什么，"行动自如"都是先决条件。

好搭档蒂贾尼

研究所准我随意使用其名下的四驱越野车（丰田"陆地巡洋舰"），方便我在毛里塔尼亚出行。正常情况下，一天的租金是 5000 日元[1]。念在我是个囊中羞涩的博士后，研究所便免了租金。车是用 2003 年蝗虫大爆发时日本援助的资金采购的，我就这样以意料之外的形式享受到了日本政府的恩惠。"陆地巡洋舰"的车型近似吉普，车很高，副驾驶座的视野非常好，不过车窗上有一条耐人寻味的裂缝。谁还没有一两段黑历史呢，还是别刨根问底了。

在毛里塔尼亚，左舵手动挡的车最为常见，而且车辆靠右行驶，与日本相反。如果我自己开车，一不小心酿成大祸的风险极高。更要命的是，在这边开车的难度似乎很高——

> 开车不遵守交通规则是毛里塔尼亚人的常态。驴子和山羊在马路上昂首阔步、车辆突然变道、违章停车、车辆冲上人行道的情况也是屡见不鲜。走路或过马路时，请务必留意四周的情况，多加小心。
>
> （摘自日本驻毛里塔尼亚大使馆发布的《侨民安全指南》）

我来毛里塔尼亚又不是为了锻炼车技，所以需要雇个司机兼向导。我跟巴巴所长提了一嘴，说对自己的驾驶技术没什么信心，他便帮忙安排了一位专属司机，名叫蒂贾尼。据说蒂贾尼服务过不少外国访客，有丰富的国际交流经验，习惯跟外国人打交道，车技在研究所里首屈一指，人也靠谱。问题是，蒂贾尼只会说法语，而我对法语一窍不通，因此我们无法直接对

1　按照 2011 年的汇率，100 日元约等于 8 人民币。

一身正装的蒂贾尼。之后的几年都有他做伴

话，只能打手势沟通。"日本人聪明得很，船到桥头自然直"——巴巴所长倒是一点都不担心。有人开车就不错了，要求不能太高，于是我便接受了所长的好意。

我向巴巴所长借了一些当地货币，立即进城采购生活物资。一身正装的蒂贾尼竟是个飙速狂魔，每每遇到慢车挡路，他都会毫不留情地按一通喇叭，像摩西[1]一样在车海中开路。只要他握着方向盘，车便好似他身体的一部分，再拥挤的马路也能穿行自如。可不知为何，我们最终来到了一家中餐馆。

---

1 《出埃及记》中的人物，传说他为了拯救以色列民众而将红海分开，淹没了追赶他们的埃及士兵和马匹。

我想去买东西啊……在这一刻,我深刻体会到了无法对话的严酷现实。不过我也确实饿了,就点了份青椒肉丝。谁知十分钟后,中国服务员用法语对着我们说了一通,大概是"食材不够,做不了"的意思。于是我就按对方的建议,点了个鸡肉做的菜。

点饮料时,一个不容错过的单词钻进耳朵。

"Fanta? Coke? Beer?"(芬达?可乐?啤酒?)

"Beer"是不是"啤酒"啊?我试着点了一份,眼看着服务员送来一罐中国的青岛啤酒(单价约 500 日元)。没想到才过了一天就摆脱了禁酒生活,真是太走运了。不一会儿,花生、青椒、香菇、鸡肉炒的菜和白米饭便上了桌。多亏大批中国人拥入毛里塔尼亚,我才能享受到眼前的中餐。来之前还挺担心一日三餐的,找到手艺这么棒的中餐馆就能放一百个心了。后来我跟服务员一通比画,表达了想外带一些啤酒的想法。服务员便将啤酒装进纸袋,封得严严实实。瞧这偷偷摸摸的架势,八成是非法的,但我无意举报。就是得在沙漠里来上一口才带劲啊。

酒足饭饱后,蒂贾尼带我前往此行的目的地——超市。从食品到纸巾等生活必需品,可谓应有尽有。来之前我做好了"生活水准对标游牧民"的思想准备,不禁长吁一口气。

到了晚上,肚子又空了。正琢磨该怎么办的时候,保安穆罕默德现身招待所。老爷子在金矿当过雇佣兵,体格非常健壮,而且还会说英语,是个难得的人才。我说肚子饿了,他便提议出去走走,顺便下个馆子。

城区的柏油路少得可怜，放眼望去尽是沙子，寸草不生。这地方本就没什么植被，好不容易长出来的也会被山羊连根吃掉。老爷子边走边跟我介绍，这是理发店，那是洗衣房……走了20分钟左右，便是一家阿拉伯餐馆。这家餐馆相当于日本的熟食店，玻璃柜里摆着各色食材，比如炖肉末、意面、米饭、生菜等。菜单是用阿拉伯语写的，我一个字都看不懂，只能用"一指禅"点了发黄的白米饭和山羊肉酱。穆罕默德老爷子说："我刚吃过，就不吃啦。"我就直接打包了。大概120日元就能买到特大碗牛肉盖浇饭的分量。

山羊肉酱以肉糜、生姜、大蒜、洋葱和土豆熬制而成，直接浇在米饭上。味道有点像伍斯特酱。略干的米饭吸饱肉汁，口感湿润，叫人食欲大增。我本就爱吃牛肉盖浇饭，能在毛里塔尼亚发现类似的菜式着实松了一口气。

不过一天的工夫，我就意识到毛里塔尼亚是个遍地美食的国度。身为易胖人士，还是小心为好。

招兵买马

第二天早上，我来到所长办公室，找巴巴所长了解蝗灾的近况。

"北方正在闹蝗灾，我倒是想立刻陪你去看看，可惜要开会，实在走不开。会英语的职员又都出去办事了，最早下周可以动身。你跟主管讨论一下细节好了。"

所长给出的情报很是诱人。研究所有四名会英语的职员，可惜都有各自的事情要忙。尽管还没安顿下来，我还是想立刻出门找蝗虫，便找希达梅德主管咨询了一下"怎么样才能外出调查"。

主管告诉我，他们管野外调查叫"出任务"，需要雇司机、厨师和杂工等人随行，组成一支任务小队。日薪视职务而定，科研人员的日薪最贵，要12000乌吉亚（约4000日元）。司机是3500乌吉亚，厨师是3000乌吉亚。除了研究资材，车上还要装各种露营设备，所以一车只能坐四个人（包括我在内）。要是我会说法语，随便雇个人就能上路了……我问主管有没有别的办法，他提了个绝妙的点子：

"有个叫穆罕默德的学生会一点简单的英语。他不是搞科研的，帮着翻译一下倒是可以。"

我决定照他说的，以最快的速度组建一支小队。

这与传奇角色扮演游戏《勇者斗恶龙3》（艾尼克斯出品）有着异曲同工之妙，玩家一开始也需要先在路易达酒吧（Luida's Bar）和不同职业的人（比如战士、魔法师和僧侣）组队。雇上三个厨师，在沙漠中大摆酒席倒也不是不行，但我最后还是选了最稳妥的组合：音速贵公子蒂贾尼（司机）、沙漠大厨勒敏（厨师）和学生穆罕默德（翻译）。我的定位相当于战士（科研工作者）。我们要通力合作，深入沙漠打倒蝗虫。以后要是遇到了潜力股，就把人拉进我的蝗虫研究小队。

因为学生穆罕默德也要与我们同行，我请他去希达梅德主管的办公室，跟他打声招呼。穆罕默德却提议去我在招待所的住处开个小会。我还以为他是想搞个碰头会，就叫来了其他队员。殊不知，这场会议至关重要，为今后的每一次野外调查奠定了主旋律……

战场铁律

所有人在厨房的桌旁坐定后，学生穆罕默德就抱怨起了"研究所开的工资太低"。

"工资就这么点，日子要怎么过啊。我们还得养家糊口呢，研究所却不管不顾。之前带我们出任务的外国人都是付两倍工资的，你准备付多少？"

现在想想，他肯定是不敢当着研究所正式职员的面狮子大开口，所以才换了个地方跟我谈。我从没雇过人，也没有讨价还价的经验。我心想，要是不按外国人的行情开工资，人家怕是会觉得日本很穷，于是便下意识地打肿脸充胖子道：

"好，我也给两倍。平时出任务的时候从工资里扣的饭钱我也包了，怎么样？"

全票通过，队员们纷纷与我握手。各国的物价和工资水平本就不同，我实在不好意思用 1000 日元一天的价格雇成年人干活，翻个倍倒也合理。可惜当时我还没有意识到，出一次任务长则一星期，单价开这么高，最后算下来会是一大笔开支。

蝗虫研究小队将由我全权指挥，旨在保证调查工作的顺畅展开，而非建立上下级关系。我以"和睦相处"为小队的行动纲领，预付了三天的工资。为了在第二天准时出发，我吩咐厨师提前采购食材，到时候去他家接人。商量完这些细节，小队

人肉加油站蒂贾尼。携带汽油在日本是犯法的，请勿模仿

就地解散。

　　队伍总算是组建好了，下一步则是筹措物资。出任务时需要在沙漠中露营，露营所需的一切（包括帐篷、行军床、枕头、毯子、锅碗瓢盆和轮胎）都能问研究所借。蒂贾尼在研究所干了17年，是参与过无数次任务的老资格，熟知要准备哪些物资。我跟他一起去仓库填写了申领单，找负责人领取了必要的物资。不认真记录，职员们就会毫不留情地侵吞物资，转卖换钱。一道道严格的手续，都诉说着研究所的黑历史。

　　100升的大号塑料桶是用来装汽油的。由于沙漠中的加油站很少，出任务时必须自带汽油，这倒是比日本的自助加油站"自助"得多。将必要的物资装上车后，蒂贾尼就回家去了。

下一步是备齐自己要用的东西。笔记本、笔、温度计、手电筒……路上可能会用到的东西都要装进背包。实不相瞒，我没有一丁点野外调查的经验，是新手中的新手。在日本的时候，我只在实验室里做过研究，不清楚出任务要带什么。在毛里塔尼亚采购研究器材怕是很难，所以我在日本把能想到的买了个遍，连说明书都没看就带了过来。放眼世界，第一次做野外调查就去撒哈拉沙漠的人恐怕也没几个。还没看完器材的说明书，第二天的太阳便已冉冉升起——

"非洲时间"

带着匆忙集结的队伍进军沙漠的日子终于到来了。蒂贾尼准时现身，学生却睡过了头，我们只得上门去接。我和蒂贾尼先去厨师家接人，却发现他一点食材都没采购。本想立即出发，这下可好，只得看着他慢吞吞地买鸡肉、洋葱什么的。本可以在一家店买齐，他却偏要在这里买大蒜，去那里买胡萝卜，展现多余的工匠精神。怎么一点时间观念都没有啊！

事后，巴巴所长告诉我：

"在我们非洲，集合时间就是个大致的参考，迟到一个小时甚至几个小时都很正常。迟到并不是什么值得发火的事情。这是非洲特有的时间观念，人称'非洲时间'。日本人可能会嚷嚷：'你们的手表是摆设吗？'哈哈哈……"

像日本那样迟到一分钟都要挨骂确实压抑得很，可出任务的时候碰上难以预料的"非洲时间"也着实叫人头疼。自那时起，

正经八百的大直道。碍眼的棍子是车载无线电的天线

我养成了"谎报军情"的习惯，告诉大家的集合时间比实际的
早上一个小时。只有蒂贾尼准时到达，真是帮大忙了。

　　研究所向沙漠各处派遣调查小队，以便实时掌握蝗灾的发
生地点和规模。每辆车都配备了足有两米长的无线电天线，即
便身处沙漠中央，也可以通过无线电通信将当天的蝗灾情报定
期汇报给数百千米外的研究所总部。一旦发现大量蝗虫，研究
所就会派出满载杀虫剂的防治小队赶赴现场灭虫。工作人员不
到 100 名，工作范围却必须覆盖足有三个日本那么大的区域。
简单做一下除法，便知每人管辖的区域跟日本第六大县秋田县
差不多大，任务之艰巨可见一斑。

此行的目的地是首都以北 250 千米处的某个地区。车开上笔直的柏油路，向北飞驰。我们与发现蝗灾的调查小队约好了在半路上会合。

出了城便是一望无际的沙漠地带，只有一种高约 50 厘米的植物零星分布。不少残破不堪的汽车被撂在路边，直叫人提心吊胆。一路上到处都是检查站，只要碰上了，就得停车出示研究所签发的通行证。严格的监控措施旨在防止恐怖袭击。通行证上印有研究所的名称和随行人员的姓名，要请研究所的行政人员提前开具。

政府部门的车辆一律挂黄牌，研究所的车也不例外。政府车辆有遇检必停的义务，因为常有不轨之徒驾驶政府车辆逃往外国。普通车辆只需与检查员随便交代一两句便可通过。

"沙比莫比，沙比莫比——"蒂贾尼用无线电喊起了话，这十有八九是当地语言里的"喂？"。喊了几次之后，就跟与我们有约的调查小队搭上了线。

遥望地平线的另一头，只见一辆车孤零零地驶来。来人正是从蝗灾爆发的区域赶来接应我们的调查小队。我们告别了柏油路，跟着他们挺进沙漠。眼看着红日西斜……本想在天还亮的时候一览蝗虫栖息地的风光，却被"非洲时间"打乱了节奏。

午夜任务

在几段毫无情趣可言的小插曲（比如车陷进松软的沙子和爆胎）后，我们终于抵达了营地。半路上已经出现了几只沙漠蝗虫的若虫。一想到今晚要睡在它们的老巢，我不禁心潮澎湃。蒂贾尼和学生穆罕默德负责搭帐篷，厨师撸起袖子开始做饭。太阳一落山，周围顿时就凉爽起来，直叫人怀疑片刻前的酷暑。我闲来无事，便戴着崭新的头灯和相机，摸向了若虫的卧榻（蝗虫的一生可分为三个阶段：在地下动弹不得的卵、在地面爬行的若虫和会飞的成虫）。

这片区域只有三种不知名的植物，长得稀稀拉拉。地面上没有蝗虫聚集，全都躲在植物的枝叶中。

若虫的体色不止一种，绿色、棕色和黄色的个体都能找到。体色丰富是蝗虫的特殊能力之一，它们能根据栖息地背景的颜色调节自身的体色。周围都是绿色的植物，就变成绿色；周围都是枯萎的植物，则变成棕色。体色与背景融为一体，就不容易被天敌发现了。

散居型蝗虫（平时常见的温顺个体，多为绿色或棕色）的若虫会施展这种"忍者藏身术"，群居型蝗虫（同类数量增加时出现的凶暴模式，详见后文）则不然，几乎所有个体都身披黄黑花斑。这个区域的蝗虫不太多，应该是散居型的栖息地。每种颜色的蝗虫都美得摄人心魄，我激动得差点晕倒。

"妙啊！太妙了！这侧脸可太上照了！"埋头偷拍时，我注意到照片的背景总是一个样——若虫专挑带刺的植物藏身。而且带刺的植物必须大到一定程度才会有蝗虫躲进去。渐渐地，我甚至能根据植株的大小预测出里头有没有蝗虫了。

为什么蝗虫喜欢藏身于带刺的植物？不妨站在蝗虫的角度琢磨琢磨。那些刺也许能阻碍天敌的捕捉，所以这可能是没有

隐身于黑暗的若虫，专挑带刺的植物藏身

武器的蝗虫采用的防身策略。

　　我研读过大量关于蝗虫的论文，这一个世纪发表的都看了个遍，却从没听说过"蝗虫偏爱带刺的植物"这样的说法。才观察了不到一个小时，就找到了写论文的素材，出任务就是不一样。

　　回到营地后，我构思起了研究计划，也就是"为了发表论文该做些什么"。根据之前的观察，可以提出两个假设："蝗虫喜欢藏身于带刺的植物"和"在同类有刺的植物中，蝗虫偏爱植株较大的"。为了验证这两个假设，我需要搜集两类数据：①哪几种植物上有蝗虫；②有蝗虫的植株和没有蝗虫的植株分别是多大。

根据预期的结果绘制图表，构思论文框架，制订为论文服务的实验计划，明确要如何采集数据。无论上述假设是否正确，采集到的数据都值得发表。这份研究计划本身朴实无华，付出多少努力，就能收获相应的成果。这样一想，头脑骤然清晰起来。再加上天气渐凉，我完全可以发挥秋田县民的抗冻特长，全身心地投入研究工作。机会难得，时不我待！让旅途的疲惫见鬼去吧！先填饱肚子，打打牙祭。

沙漠晚宴

　　晚餐是厨师为我们烹制的意面。他往一口形似荷兰锅[1]的大锅里倒了许多油，热了十来分钟后倒入切碎的鸡肉、洋葱和胡萝卜爆炒，动静那叫一个大。炒得差不多了再倒入清汤。诱人的香味扑鼻而来。熬好的酱汁浇在意面上，果然非常美味。我直呼"Très bien"（太好吃了），对厨师大加赞赏。要知道我来之前可是做好了调查期间天天啃罐头的思想准备，没想到能在茫茫沙漠中享用厨师精心烹制的菜肴，真是太奢侈了。成功的野外调查离不开充沛的体力，吃饱了饭才有力气做研究，雇厨师随行果然是个明智的决定。

　　蒂贾尼开车，厨师做饭，每个人都尽到了自己的职责。接下来就轮到我这个科研工作者大展身手了。

1　dutch oven，一种带盖的金属厚壁煮锅，盖子平坦且边缘翘起，上面可放置炭火，起到上下同时加热的效果。

厨师忙着装盘。想在日本品味沙漠风情，不妨在做好的美味佳肴里加一小撮沙子

本想跟学生穆罕默德交代一下研究计划，但他显然已是精疲力竭，稍微帮忙干了点活就回帐篷去了。我倒是因为和儿时偶像法布尔站在了同一座舞台上而激动不已，兴致勃勃地采集数据。

"一出门就见到了蝗虫，也采集到了数据，这非洲可真是没白来！"

此时的我坚信自己走对了路。[野外调查首日的细节详见拙作《孤独的蝗虫成群结队时》（东海大学出版会）[1]]

---

1 简体中文版由海洋出版社于 2017 年出版，标题为《蝗虫记——日本"法布尔"及沙漠飞蝗的故事》。

恶魔行军

我一直忙到深夜，几乎没睡多久，早上又被帐篷外的喧闹声吵醒了。用过简单的早餐（干硬的法棍、奶酪加牛奶）便迅速出发。今天要去蝗虫更多的区域，中途和负责该区域的调查小队会合。我们根据 GPS 向会合点进发。

插一句题外话：GPS 是一种定位系统，可以通过人造卫星锁定你在地球上的确切位置。有了 GPS，便能在地图上记录移动轨迹。只要输入目的地的经纬度，它就能给你指路。车载导航系统也运用了这项技术。多亏了它，我们才能平安穿越无路可循的沙漠（顺便一提，本书经常会像这样插些题外话，敬请见谅）。

开了几千米后，植物的种类出现了明显的变化，视野中的蝗虫也多了起来。这让我痛感昨晚的营地不过是沙漠的一隅。自以为全知全能是非常危险的，必须清楚地认识到自己还是个初出茅庐的新人，绷紧脑子里的弦，否则就很容易落入意想不到的陷阱。

突然，蒂贾尼停了车。他指向的地方长着一种陌生的植物。定睛一看，只见 300 多只黄黑相间的蝗虫齐聚在那株植物上。用捕虫网抓来几只，仔细观察其外观。果不其然，正是群居型的沙漠蝗虫。群居型是蝗灾的前兆，因为蝗虫会在密度够高时发生型变。

"嚯……这就是群居型的沙漠蝗虫啊。"

学生穆罕默德如此感叹。嗯？慢着！你不是出过好几次任务吗……我不动声色道：

"穆罕默德，这是你第几次出任务？"

"第一次呀。"

我本以为他一个毛里塔尼亚人肯定见惯了，却没想到这是他第一次出任务，那岂不是比我还外行吗！

后来我才知道，"外国科研工作者开的工资比研究所高一倍"根本是他胡说八道，而且他也没在外国人手下干过活。只怪秋田人特有的虚荣心作祟，我拉不下脸来降薪，不得不继续以两倍的工资雇用他们……

随着会合点的临近，各处都出现了群居型若虫组成的小蝗群。型变的蝗虫有相互吸引、成群结队的习性。这样的小蝗群

成群结队的群居型若虫。绕到它们前头埋伏着，更容易拍到特写

随时都有可能汇成巨大的蝗群。

有人通过无线电联系我们，说是发现了一大群蝗虫，于是我们便决定过去看看。可沙漠中并无路标，要怎么找过去呢？只见蒂贾尼掉转车头，全速驶向会合点，最终成功会师。他的方向感着实了得，堪称"人肉GPS"。

与调查小队的成员会合后，我们朝他们指的方向赶去。只见一块30米见方的黄色"地毯"正沿着地面移动。那正是朝同一个方向齐齐行进的群居型若虫。能亲眼看到群居型特有的"行军"（marching）行为实属不易，我自是心花怒放，险些落泪。

我走上前去，想要拍两张照，若虫却吓得上蹿下跳，急忙逃跑。人家逃得越快，我就越是忍不住要追，这也是人之常情。得想个法子偷拍几张照片才行。我心念一转，决定绕到它们前头，匍匐在地，架起相机埋伏着。在地上一动不动趴了一阵子，只见大批蝗虫麇集而来。它们没有注意到我，悠然走过。我启动摄像机（说明书都没看完），想要拍一段录像，也不知道拍到没有。我提前把数码相机交给了蒂贾尼，让他帮忙拍几张我趴在地上跟蝗虫亲密接触的照片。

昨天刚见着散居型，今天又碰到了群居型。我可太走运了！拍够了照片，再执着地追赶群居型，与仓皇逃窜的蝗虫嬉戏，恰似在沙滩上与女友你追我赶。这样的时光是何等奢侈。受惊的蝗虫也可爱极了。可要是独占这份幸福的回忆，怕是会惹来全人类的眼红。独乐乐不如众乐乐——没错，快乐就该以论文的形式与大家分享。

"前面有一片蝗虫爆发的区域，那边有研究所的前线基地，

《悄然迫近》（摄影：蒂贾尼）。我出镜的照片都是蒂贾尼架起三脚架拍的

先过去看看吧。"调查小队的成员如是说。为了向我展示研究所平时是如何防治蝗虫的，前线基地还没开始喷洒杀虫剂。不过话说回来，撒哈拉沙漠可真是太有意思了。激动人心的事情接二连三，想不热血沸腾都难。

沙漠里的待客之道

所谓的"前线基地"不过是两顶雪白的帐篷外加一辆静止不动的卡车。它是这一带的关键补给站，负责向各个防治小队发放杀虫剂。

我与基地的工作人员热情握手。负责人巴迪与他的伙伴们

以山羊肉装点帐篷，别有一番风味

个个晒得黝黑，笑容灿烂，一咧嘴便是两排闪亮的白牙。我们刚到没多久便受邀与他们共进午餐。长期驻扎于沙漠的工作人员都吃些什么呢？

固定帐篷的绳子上挂着鲜红的肉块，还在不停地滴血。拨开帐篷一看，只见一颗山羊头被随意放在一个碗里。看来基地为招待我们特意宰了一只山羊。在毛里塔尼亚，山羊肉是一等一的好东西，足见我在沙漠中享受到了最高规格的礼遇，真是感激不尽。

水在沙漠里是稀缺资源，所以洗手的法子也格外讲究。当地人有专门用来洗手的水壶和水桶。一般都是地位最低的人负责举着水壶，两三人同时用壶嘴流出的那一道水洗手。小喽啰

山羊肉拼盘。豪放的内脏大杂烩，含有难以辨认的脏器

只能用领导洗剩下的脏水洗，上下等级森严。这也算是老百姓的智慧了，有助于充分利用有限的资源。之所以要认真洗手，是因为毛里塔尼亚人习惯徒手进食。

承蒙基地工作人员的好意，我坐在帐篷里铺着的毡子上休息了一会儿。片刻后，便有人端来一大盘炖羊杂。内脏都还能看出原形，想必是出自刚才那只山羊。众人围着餐盘落座。上大学时，我在畜牧学的课上学过家畜器官方面的知识，可盘子里竟有不少难以辨认的神秘器官。这道菜叫"塔吉锅焖肉"（Tagine），好一盘豪放的内脏大杂烩。

菜肴热气腾腾，可大伙儿都直接上手享用。有专人用刀剔下附在骨头上的肉，切成小块，方便众人品尝各个部位的肉。这山羊肉几乎闻不出膻味。我在日本吃惯了软肉，所以嚼起来

围成一圈，徒手进食。当地人管锅巴叫"库拉塔"，大家都爱吃，手快有手慢无

略有些费劲，不过每一块都非常美味。大伙儿纷纷把肉撺到我跟前，说"再试试这个"。明明只用盐调味，却滋味无穷，爱吃内脏的朋友绝对会欲罢不能。

　　我把各种器官都尝了一遍，感觉最好吃的还是骨头周围的肉，但很难用指甲剔出来。就在我与肉骨头搏斗的时候，旁人许是觉得我爱吃这个，便用手势表示："别用手了，直接上嘴啃吧，这块肉归你了。"于是我不顾肉丝塞牙的风险，张嘴啃了上去。回过神来才发现，每个人的嘴唇都是油光锃亮的，我的嘴唇也不例外。刚才还干得起皮，此刻却已得到了油脂的滋润。哦……看来在沙漠里，山羊的油脂还能当润唇膏用。

　　后来又上了一道肉烩饭。其他人照样用手抓，可刚煮好的米饭烫得要命，我哪敢上手啊。见我盯着烩饭望眼欲穿，他们借了把勺子给我。我用油腻的手握住勺子，将烩饭送入口中。风味那叫一个浓郁，搞得我都想来一碗白米饭了。

后来我观察了一下这种烩饭的做法，发现当地人会敲开山羊的骨头，将浓稠的骨髓倒进米里一起煮。原来提鲜的作料是山羊骨的精华，而非日本人熟悉的猪骨。

虽有幸大饱口福，但放眼望去只有我一个人在用勺子，多少有点尴尬。我决定偷学旁人的进餐技巧，争取早日入乡随俗。

我发现当地人并不是抓起一把米饭就直接送进嘴里，而是先用手掌轻抛数次，弄成方便入口的一团，颇有些单手捏饭团的神韵。渐渐地，我注意到抛的次数是因人而异的：小年轻抛了 19 次，两个中年人分别是 16 次和 12 次，大叔则是 8 次。看来是年纪越大，多余的动作就越少，抛接的次数自然也就少了。这与"寿司师傅的经验越是老到，捏米饭的次数就越少"有着异曲同工之妙。

> 据说寿司师傅需要修炼五年才能提升制作的速度，将五步压缩到四步。再练上五年，才能进一步压缩到三步。
> （《起死回生！？鲜虾寿司对决篇》，《将太的寿司》，寺泽大介，讲谈社）

年纪最大的老爷子呢？我细细一看，发现人家只抛三次就搞定了！多么娴熟！我还以为他是嘴馋贪吃，想多吃几团，谁知他吃起来细嚼慢咽，白白浪费了麻利的手法。

用餐完毕后，举水壶的小兄弟再度登场。这个环节也有节约用水的巧思——每个人都是先把自己的右手舔干净再洗。一群成年人排排坐舔手手，那画面别提有多震撼了。照理说满手的油污需要大量的水才能冲洗干净，但只要撒上清洁粉搓上一搓，便能分分钟重获清爽。

餐后饮品是一种叫"塔吉玛"的棕色浑浊果汁。它以猴面包树果粉和糖冲调而成，据说可以促进消化。神似梨子的果味很是解腻，堪称完美的餐后甜点，为沙漠中的全套大餐画上了圆满的句号。

我找基地负责人巴迪（他有 20 年的蝗虫防治经验）了解了一下蝗灾的近况。学生穆罕默德负责翻译。今年由于毛里塔尼亚爆发大面积蝗灾，需要严密监控，巴迪已经在基地孤军奋战了九个多月。

分散在各处的调查队基地

我问了一个很笼统的问题："沙漠里感觉怎么样？"他的回答颇有深意："得亲身体验过才懂。"他肯定知道许多全世界其他的科研工作者都不了解的蝗虫秘事。要是我能掌握当地的语言，定能打开知识的宝库，可惜眼下就只能用自己的方式去感受沙漠了。为了加深对蝗虫的理解，今后也要多投身沙漠，细细品味。听说基地附近有一片区域还没打杀虫剂，有成群结队的蝗虫四处游荡，我便请巴迪帮忙带路。

随遇而安

防治小队载着一桶桶杀虫剂为我们带路。只见前方的大地被前所未见的巨大蝗群所覆。想必是队员们之前没来得及过来打药，以至于小蝗群不断汇合，发展到了这个规模。

队员们表示，他们要当着我的面喷洒杀虫剂，让我见识见识。我确实对蝗虫惨遭蹂躏的景象怀有万千遐想，但还是想先静下心来仔细观察它们的行为。要是有耐人寻味的发现，便可以用作论文的素材。我的计划是明天回研究所，时间有的是。说什么都不能空着手回日本去，得先做出点成绩来，这样心里才有底。

我问队友们能否延长此次调查的时间。他们告诉我，食物和燃料都还有富余，可以再坚持四天。反正后面也没有别的安排，队友们欣然同意，工资等回了研究所再发。

"先别杀！让我研究一下！"

防治小队本想大展英姿，我却扫了他们的兴，很是过意不去。所幸他们最后还是点了头，前提是我这边一搞定就立刻喷药。

这么多蝗虫都归了我。条件如此得天独厚，该研究些什么呢？我提前写好了未来两年的研究计划，"研究群居型若虫"这一内容却并不包括在内。在日本，不按照研究计划做研究的人会被立即打上"差生"的烙印，大家都会觉得你这人执行力欠佳。但我脚下是非洲的大地，要是像在日本做研究那样被计划束手束脚，就会错失眼前的良机。那就来一场计划之外的"番外研究"吧。

对待难以预测的研究课题讲究"随遇而安"，可胡乱研究一通就太没技术含量了。我铆足了劲儿，想做些只能在实地进行的、可以充分发挥"地利"的研究，而非实验室里也能完成的寻常研究。

先搜集情报，看看能不能发现什么有意思的现象好了。我希望蝗群在研究正式启动之前保持它们原原本本的模样，所以没有贸然接近规模最大的蝗群，而是先利用较小的蝗群摸索有趣的研究课题。

该地区共有三种植物，但散居型蝗虫只会藏身于其中一种。群居型倒是不挑不拣，每种植物上都有。

我每每试图凑近观察，蝗虫都会立刻逃开。在不懈"跟踪"的过程中，我渐渐意识到它们的逃跑模式大致可以分成两种。当我走向一株若虫扎堆的植物时，它们要么是一跃而起，大举出逃，要么就是钻进植物的深处。如果植株较小，若虫更倾向于"逃出去"；植株较大时，则倾向于"躲进去"。在后一种情况下，蝗虫们似乎将植物用作了庇护所。根据庇护所的质量调整逃命策略倒是合理得很。"城堡"靠不住，就立马弃城而逃；"城堡"若是足够牢固，便龟缩其中。这与战国时代的战术逻辑颇有几分共通之处。总结出了倾向，假设的灵感便从天而降。

"群居型若虫会根据其聚集的植物的大小调整逃跑模式"。

我需要捕捉大量的蝗虫，可它们动不动就跑，实在是愁人。如果能利用这次机会归纳出它们的逃跑模式，今后的采集效率定能直线上升。

好嘞，就这么定了，研究一下蝗虫的逃跑模式吧。这么多蝗虫在实验室里可养不了，得好好利用这得天独厚的条件。我

蝗虫扎堆于枝叶，好似在沙漠中盛放的黄花

回到搭好的帐篷，喝着厨师泡的茶，构思起了研究计划。

需要采集的数据有以下三种：①植物上的蝗虫个体数。也许"蝗"多势众的时候，它们会比较硬气，原地不动，所以要提前查看植物上大概有多少只。②逃跑模式。是逃离植物，还是留在原地？③蝗群停留的植物的种类与大小，将其作为评估庇护所质量的标准。只要采集到这些数据，就可以阐明蝗虫的逃跑模式。

至于如何观测逃跑模式……如果是在实验室里，当然是越精密越好，比如"让机器人之类的东西以同样的速度接近蝗虫"。但此刻我置身于茫茫沙漠，只能靠人力了。

科研结果应具备可再现性，即"其他科研工作者能用同样的实验重现同样的结果"。换句话说，必须把观测方法统一成

正在接近蝗虫藏身的植物。大多数若虫都躲进了枝叶深处

谁都可以实践的形式，方便那些日后想要证实我的观察结果的人。此外，论文必须用英语书写，观测方法要是过于复杂，就很难用英语表述清楚了。因此，采用简单的方法也是在为日后的自己减轻负担。

于是，我决定在"接近蝗虫时的着装"上做些文章，请扮演跟踪者的学生穿一身白衣服，按我的指示行走。我则全程扮演观察者的角色。

发现目标后，我先记录下蝗群的大小（从小到大共五级），然后大手一挥。学生看到我打手势，便慢慢走向蝗虫聚集的植物。在此期间，我会观察蝗虫的逃跑情况，再用卷尺测量植物的长宽高……不断重复这一系列的操作即可。

慌忙逃窜的蝗虫们

周围有大量的蝗虫供我随意实验，走到地平线的另一头都不要紧。我完全可以像法布尔时代的先人那样开动脑筋，无须依靠特殊的仪器也可以查明自己想要了解的事情。

经过一段时间的观察，我感觉自己采集到了不少支持假设的数据。但科研最忌讳先入为主，还是得站在客观的角度循序渐进。

没想到第一次野外调查顺利得"一塌糊涂"，将出发前的惴惴不安一扫而空。我就此得意忘形，麻痹大意，为日后发生的惨祸埋下伏笔。

暗夜救生索

沙漠里的白天怎一个"热"字了得。哪怕躲去晒不到太阳的地方，也有像是吹风机吹出来的猛烈的热风滚滚而来。在日本，气温超过 35 摄氏度就会出人命，可沙漠里的气温都超过 45 摄氏度了，随时都有可能烤死我这种没见过世面的秋田人。烈日酷暑之下，汗水还没来得及滴下就蒸发得没影了。14 点前后是一天里最热的时候，太阳底下根本没法待，只能躲进帐篷。蒂贾尼他们真不愧是沙漠的子民，居然有本事在这么热的地方裹着毯子打呼噜。

我可顾不上睡午觉。往身上抹点水，水就会立即蒸发，带来丝丝凉意。我一手拿着塑料瓶，反复在全身上下抹水，拼命给自己降温。地面温度早已突破 60 摄氏度，饶是蝗虫都会被烫死，所以它们也都躲在植物上。最热的时候就暂且休战吧。

我从日本带来了一台科勒曼[1]冷藏箱，出任务前在箱子里装满了冰镇瓶装水。多亏了它，才能在沙漠里喝上一口冰水。为了尽可能给身体降温，我不得不频繁喝水，胃都喝胀了。喉咙干得冒火，胃却跟灌满了水的气球似的。看来纯水不太好吸收，最好换成带点甜味的饮料。

后来，我在城里的市场买到了一款枸杞果味的果汁粉。加水泡开，再加点岩盐，便是完美的自制运动饮料。连颜色都跟 energen[2] 一模一样，这下就能高效补水了。

到了晚上，气温便会急剧下降。白天不止 40 摄氏度，晚上却骤降至 15 摄氏度左右。昼夜温差太大，更叫人通体生寒，逼得我在摇粒绒外面套了一件印着名字的防风衣。万一哪天横尸沙漠，印着名字的衣服有助于锁定身份，用心良苦啊。

夜间也要继续观测。在日本的时候，我的夜生活很是精彩，全情投入夜间观测又有何难。我色眯眯地观察着被皎洁月光衬托得妖艳动人的蝗虫们，享受着这场深夜的幽会。

天一黑，蝗虫们就懒得逃了，全都窝在原地不动，很是耐人寻味。又是一个新发现！我全神贯注地采集数据，回过神来才意识到月亮躲进了云层，周围一片漆黑。

准备回去休息的时候，才发现营地不见了踪影。

"咦？我是从哪个方向来的？哎，帐篷呢！"

---

1 Coleman，美国户外休闲产品品牌，主营露营装备。
2 大冢制药旗下的运动饮料。

大意了！我被蝗虫的美色迷昏了头，迷失了回营地的路。本以为自己离营地也就几百米，莫非是用力过猛，走出去了好几千米？还是蒂贾尼他们连夜潜逃了？天上也没有星星，彻底没了方向感。这一带沙地很少，没有留下清晰的脚印。要是瘫坐在地，定会被不知名的毒虫袭击。既没法休息，也不知前进的方向，只得孤零零站在黑暗之中，茫然无措，唯有焦虑不断膨胀。

　　人生中的第一次遇险突如其来。我拼命回忆遇到这种情况该怎么办。对了！先呼救！我高声呼唤蒂贾尼。蒂贾尼发现情况不对，赶紧开灯。我总算是借着灯光找回了营地。其实我离帐篷只有 200 米远。听说连土生土长的游牧民在漆黑的夜晚都会迷路遇难，想想都后怕。得意忘形真是太危险了。以后得加倍小心，不然分分钟小命不保。

　　在伸手不见五指的黑暗中，光亮就是救生索。我养成了晚上去沙漠调研时在车顶上放一盏提灯当"灯塔"的习惯。如此一来，只要地势平坦，哪怕走到三千米外都能锁定帐篷的位置。我还会观察天上的星座，时刻留意行进方向，以防提灯熄灭。

　　第一次野外调查，每个环节都无比新鲜，乐趣纷呈。我埋头工作，直到精疲力竭，物资耗尽。五天四夜的调查之行圆满落幕。

牙刷树

　　首战告捷，成果喜人，七万日元的调查经费没有白花。我们雄赳赳、气昂昂地踏上归途。

四个五天没洗澡的汉子挤在一起，我本以为车里定会怪味冲天……好在天气干燥，倒也没那么糟糕。但只要用水一冲，臭味怕是会被瞬间激活。

顺顺利利开了半路，车却突然在路肩上停了下来。厨师开门下车，折下路边某棵树的枝条。我问他莫名其妙折树枝干什么，他回答"想用树枝刷牙"。不是什么树都能用的，非专用的"牙刷树"不可。搞几根直径不足1厘米的细枝，折成10厘米长。用刀削去顶端树皮，再用牙咬开纤维，弄成刷头状即可。众人就这样齐齐刷起了牙。我平时用超声波电动牙刷，但出任务的时候用的是破破烂烂的普通牙刷，正愁刷不干净呢，便立即体验了一下。天哪！"牙刷树"也太好用了吧！牙垢一扫而空，

厨师折牙刷树的枝条

野生牙刷树（制作者：正在开车的蒂贾尼）

牙齿表面那叫一个光滑，清洁力比售价两万日元的电动牙刷还要强。据说这种树（Maerua crassifolia[1]）含有抗菌物质，还有防止龋齿的功效。

可惜树枝终究还是太硬了。咬松的纤维无情地扎入我的牙龈，刷头顿时血红一片。他们说用惯了就不会出血了，可……这"牙刷"跟凶器有的一拼。不过要是能运用自如，就能省下刷牙的水了。得想办法掌握它的用法，下次出任务的时候带上。

---

1 厚叶梅鲁木，山柑科植物，原产于非洲和西南亚。

城里真能买到用这种树制作的牙刷（树枝削去节子即可），大概20厘米长。定价低到可以忽略不计，5乌吉亚就能买到一根。还有些工匠把牙刷树枝摆在席子上，随买随削。边走边刷的大有人在，无论男女老少。还有些猛人直接含在嘴里嚼，都不用伸手扶一下。我早就觉得当地人的牙齿在黝黑皮肤的衬托下显得分外亮白，看来这"牙刷树"也是功不可没。

迷人的沙漠

短短五天的野外调查，就让我深刻领略了野外的魅力。

要做室内实验，就得先饲养蝗虫。科研工作者要每天下地收割新鲜的草料喂养它们，笼子也要及时打扫，每个环节都得费心费力。而且从若虫养到成虫，需要快一个月的时间。

野外却是万事俱备，只要人过去就行，完事了还不用打扫战场。要养出那么多蝗虫，至少需要体育馆那么大的设施，工作量更是超乎想象。都说野外调查艰难困苦，可在实验室里做研究也轻松不到哪儿去。专注野外调查的人成天喊苦喊累，搞不好是一场阴谋，是想让实验室里的科研工作者知难而退。

"用一把标尺采集数据"这种没什么技术含量的研究手法与野外调查最为契合。不需要依赖特殊的仪器，时刻都能稳定发挥。"不觉得野外调查很辛苦"兴许能成为我唯一的优势。莫非这撒哈拉沙漠就是让我一展宏图的舞台？如果今后也能不断获得新发现，稳步发表论文就不是难事，当上昆虫学家也就不再是遥不可及的梦想了。苦苦寻觅的出路，终于显现在我眼前。

第二章
入乡随俗

蒂贾尼的工资

时间倒回到第一次野外调查之前，与蒂贾尼第一次碰面那天——买完东西回到研究所后，蒂贾尼扭扭捏捏，像是有话要说，可惜我实在猜不透他的心思。我生怕耽误要紧事，便想请巴巴所长帮忙翻译，却遭到了蒂贾尼的拼命阻拦，简直莫名其妙……

蒂贾尼貌似想出了一个妙计。只见他掏出手机打给某人，说了一通之后，又把手机递给了我。电话那头是他的朋友穆罕默德，英语说得很是流利。原来是蒂贾尼找的外援。

穆罕默德告诉我，蒂贾尼想谈谈他的工资。本以为他领着研究所开的工资，只需要在出任务的时候临时雇他几天就行，原来我得雇他当全职助手啊？

为了谈蒂贾尼的工资，我们当晚齐聚穆罕默德家。我也想私下发展几个会说英语的朋友，倒是正好。

在几乎没有路灯的昏暗小巷里七拐八弯，终于找到了穆罕默德住的混凝土房子。穆罕默德身材修长，说是在美国大使馆做保安。

笑容可掬的青年开门见山道：

"只要你每月付蒂贾尼六万乌吉亚（两万日元），他保证随叫随到。雇他当司机，可比打车划算多了。"

毛里塔尼亚有两种出租车：一种和日本的出租车一样，直接送乘客去目的地；另一种则类似于共享巴士，只跑固定的路线。前者价格昂贵，后者倒是便宜，坐一次也就 100 日元左右。问题是这种车只走直线，需要倒好几趟车才能到达目的地。而且司机总想少跑几趟，多赚点钱，所以沿途看到想搭车的人，不管三七二十一统统塞进车里，以至于普普通通的小车后排往往要挤四五个成年男子。当地人就没有"核定载客人数"的概念，塞不下了才算完。

"只要雇蒂贾尼当你的专属司机，想在哪儿转弯都行，多方便啊！研究所不会继续付工资给他，他就指望你了，你就考虑考虑吧。"

穆罕默德重任在肩，使劲做我的思想工作。

当时我不太了解毛里塔尼亚的工资标准，只觉得每月两万日元就能雇一个成年人帮自己干活还挺划算的，于是就答应了。蒂贾尼欣喜若狂，直呼"Merci"（谢谢）。

后来我才发现研究所的工资并没有停，蒂贾尼是想忽悠我，好赚两份工钱。巴巴所长得知此事后大发雷霆，研究所的工资也停发了一段时间——不过那都是两年后的事了。

豪放的"敞篷车"

　　学生穆罕默德当初玩的也是这一套。当地人跳过研究所跟我私下交易，往往是为了宰我一刀。为避免纠纷，还是通过所属机构办理正规手续为好。

　　话虽如此，每月两万日元就能雇到一位专属司机还是很不错的。可惜我与蒂贾尼语言不通。连沟通都成问题，要怎么开展工作呢？一天天锻炼下来，手势的表现力岂不是要突飞猛进了？（说来惭愧，我愣是没有要学法语的念头。）

象征友谊的民族服装

蒂贾尼每天早上都会买些新鲜的面包带到招待所，与我一起享用。他总是吃羊角包，我则吃巧克力脆面包。毛里塔尼亚曾是法国的殖民地，面包特别好吃，配上雀巢速溶咖啡更是一绝。蒂贾尼喝咖啡要加很多糖，而我是"黑咖派"。

其实我原本是"少糖派"，但第一次跟他共进早餐的时候手头没糖，我就喝了黑咖啡，惹得蒂贾尼投来崇敬的目光，连连惊呼："难以置信！你居然喝得下不加糖的咖啡！"从那天起，我便养成了喝黑咖啡的习惯，以彰显成熟男性的威严。初来乍到，可不能叫人小瞧了。

书上说，"蓄胡子"在伊斯兰国家是男性成熟的标志，不留胡子会给人留下幼稚的印象。所以来毛里塔尼亚之前我便积极蓄胡，以打造成熟的假象。

一天早上，蒂贾尼愁眉苦脸地找了过来。我看出他遇上了麻烦，就打电话给他的朋友穆罕默德问了问。"蝗虫研究所想换掉蒂贾尼，安排别的司机给你开车。你也用惯他了不是？能不能帮着劝劝，留住他呢？"

哦……原来是遭遇了失业危机。蒂贾尼拼命诉说他是多么想跟我一起工作。看来他非常喜欢我（发的工资）。

研究所共有三十来位司机。只怪蒂贾尼到处吹嘘"浩太郎付我两倍的工资"，眼红的同行们纷纷杀去人事主管那里，嚷嚷着"让浩太郎雇我吧"。就这样，研究所里上演了一场激烈的"浩太郎争夺战"，我却浑然不知。跟主管关系最铁的司机企图取代蒂贾尼，独占我这块肥肉。

　　我倒是好奇其他司机的车技，但蒂贾尼做事机灵，相处下来也没什么问题，还很有男子气概。在毛里塔尼亚，外国人是很稀罕的，我每次上街都会被路人盯着看。照理说蒂贾尼肯定也不想跟来路不明的外国人搭档，但我招司机的时候，他是头一个举手的，比那些知道我开的工资高才眼馋的人靠谱多了。

　　于是我就找巴巴所长谈了谈，希望雇蒂贾尼当专属司机。所长不知道司机们闹了这么一出，立即打电话说服了主管，留下了蒂贾尼。我回到招待所的厨房，告诉唉声叹气的蒂贾尼"问题解决了"。他连连道谢，一把抱住了我。

蒂贾尼送我的民族服装"达拉"，有蓝、白两种。张开双臂时颇有些大 boss 的气势

第二天早上，蒂贾尼带了一套毛里塔尼亚汉子的传统服装"达拉"（Derraa）给我。我立刻试穿了一下，发现尺码着实大了些，但这份美意还是让人心头一暖！我穿着达拉在研究所里一通溜达，大伙儿见了都很惊讶，还有人起哄道："哟，毛里塔尼亚人！"见状，蒂贾尼也是一脸骄傲。

我和蒂贾尼就这样克服了语言上的障碍，避免了换人危机，发展出了超越雇佣关系的友谊。

祸从口出

那天，是我以科研工作者的身份正式亮相的大日子。不凑巧的是，巴巴所长因急事出差去了。研究所的七名工作人员齐聚宽敞的会议室，听我介绍研究课题。还有书记员在一旁待命。

世界各国对蝗虫的研究大多止步于实验室，基于野外观察的研究寥寥无几。实验室里总结归纳出来的知识不一定适用于野外的蝗虫。围绕蝗虫展开的研究不计其数，但蝗虫在野外的行为仍被包裹在重重迷雾之中。

我来毛里塔尼亚就是为了在野外潜心观察沙漠蝗虫，研究它们如何在沙漠中繁衍生息，阐明蝗灾爆发的机制。我在台上慷慨陈词，阐述自己的决心。乍一看，每个人都认真听着，殊不知有些人早已怒火中烧——

前一阵子，基思告诉我：某国科研工作者提出了一种基于蝗虫信息素的新型防治技术，但是效果不佳。只怪我现学现卖，在演讲中提了一嘴，没想到台下的一名听众曾与那名科研工作者共事。在他听来，我的演讲无异于对他们这个派别的嘲讽。演讲结束后，他毫不留情地反驳道：

"你懂什么！你根本不知道这种防治方法有多好！"

其实那种技术早已被业界淘汰，在毛里塔尼亚也没人用，但我不得不点头称是。在这里跟人家争个你死我活只会扩大分歧，百害无利。

遗憾的是，另一位职员也对我的研究不屑一顾，"就你这点水平，还想研究沙漠蝗虫？"的态度显而易见。我确实资历尚浅，没什么拿得出手的业绩，但我认为自己这些年还是有一些重要发现的，也为此深感自豪。"你做的研究可真有意思！"——我本以为能收获这样的赞誉，不禁有些灰心丧气。

他对 50 年前的观点深信不疑。任我如何讲解新发现是怎样推翻旧观点的，他都拒不接受，根本讨论不起来。

一位在非洲待过的前辈嘱咐过我："在非洲最忌讳当众驳人面子。"所以当面驳倒对方绝非上策。巴巴所长要是在场，肯定会伸出援手，但此刻我却不得不孤军奋战。我大老远跑来非洲，可不是为了挨批的啊……

两位科研工作者问完之后，大脑门穆罕默德第一次举起了手，用法语说了些什么。科研工作者立即翻译道：

"他不懂英语，怎么不给人家翻译成法语啊！"

看似认真的眼神，竟是"因听不懂而发愁"的表情。此话一出，其他职员也用法语叽叽喳喳起来，我顿时就成了孤家寡人。台下的七个人里，竟有四个听不懂英语。我连"让对方听懂"这个最基本的要求都没达到。众人商议后决定，以后开会都要找人同声传译。

他们个个以"长年在野外和蝗虫打交道"为荣，坚信没人比自己更了解沙漠蝗虫。我发表过不少论文，在他们眼里却和门外汉没什么两样，过去的成就派不上一点用场。为了赢得他们的认可，我必须在他们眼前做出点成绩来。没有新发现和新论文，他们就永远都不会承认我是个独当一面的科研工作者。在拯救非洲之前，得先在研究所站稳脚跟。万万没想到，在沙漠国度等待着我的是如此冰冷的责难。咱们走着瞧！——我心中的导火索就此点燃。

孤独博士的哀叹

都说离家闯荡的人容易陷入思乡之情，难以自拔。本以为自己没那么软弱。谁知来到非洲三个月后，我忽然发现自己有些不对劲，每隔五分钟便要查一次邮件。哪来那么多邮件可查，这显然是被孤独毒害的症状。必须想想办法，免得精神崩溃。

渐渐地，我总结出了一条规律：感到孤独的时候，往往是闲着没事的时候。于是我尽可能把日程填满，让自己忙起来，以缓解孤独感。

与人交谈也有助于排解寂寞。我知道巴巴所长公务繁忙，但还是每天都找他打招呼，厚着脸皮跟他聊上几句，光是这样心里都会舒坦不少。

巴巴所长非常支持有志于科研的年轻人。研究所接待的外国科研工作者往往都自带巨额研究经费，能助力研究所的建设

与巴巴所长开小会（摄影：川端裕人）

发展，至少不会是拖累。我却给研究所添了不少麻烦，借车不给钱也就罢了，还用着研究所准备的实验室，加上连法语都不会说，简直一无是处。所以我一直在琢磨，能不能在力所能及的范围内为研究所做点什么呢？

社会的奴隶

巴巴所长的笑容背后，暗藏着重压与责任感。身为一把手，他为管理研究所付出了大量的时间与精力。他明知前路坎坷，却还是毅然扛起了所长的重任。

所长生在农村，长在绿洲。种植椰枣是他家代代相传的祖业。

小时候，所长想和朋友一起徒步穿越沙漠，走去 20 千米开外的邻镇游玩，却在半路迷失了方向。朋友原路返回，所长孤身前进，在茫茫沙漠中彻底迷了路。他只带了 1.5 升水，在树下苦等了三天。奄奄一息时，被一个碰巧路过的游牧民发现，这才捡回了一条小命，因严重脱水在床上躺了一个星期。他发自内心地感谢神明将他从死亡的边缘拉了回来。

当年的所长凝视着救命恩人家的天花板，痛下决心。既然从今往后的每一天都是神明的馈赠，那就应该多做一些有益社会和他人的好事，报答神明的恩情。种植椰枣又能帮到几个人呢？为了做出更大的成就，帮到更多的人，他得去上学，这样才能出人头地。

所长向父亲吐露了心声，父亲却强烈反对："上什么学！出人头地了就会束手束脚，沦为社会的奴隶！"但所长克服重重阻力，坚持深造，后来还出国留学，积累经验，当上了毛里塔尼亚农业部下属的蝗虫研究所的最高负责人。他信守儿时的誓言，成了拯救毛里塔尼亚、帮助非洲人民不再挨饿的关键人物。

然而，蝗灾一旦爆发，所长就得天天开会部署防治行动，没有时

椰枣园的主人

间陪伴家人。终日埋头工作，度假都成了奢望。忙了大半年，好不容易才歇上一天。可坐在家里看电视的时候，本想看动画片的孩子竟嫌他碍事，嚷嚷道："爸爸，你今天怎么在家呢？快去上班呀！"家里没有自己的容身之地，这令巴巴所长很受打击。

"父亲说得没错，我成了社会的奴隶，没有了可以自由支配的时间。可我要是不跟蝗虫拼个你死我活，还有谁会挺身而出呢？我想信守承诺，尽力帮助他人。"

为广大人民奋战在抗击蝗虫的第一线，不惜牺牲自己……巴巴所长的热忱深深触动了我。我也想为这份事业尽绵薄之力。

誓不辱名

一天，我跟巴巴所长聊起了近年的蝗虫研究。所长叹着气，道出了复杂的心绪：

"大多数科研工作者都不愿来非洲，难为你这个发达国家的人肯来。每个月都有许多关于蝗虫的论文发表，可我一看到列表里的那些标题就心烦。研究蝗虫驱动肌肉的神经就能解决蝗灾了？就没有人本着'解决蝗虫问题'的态度去做研究。一线与实验室之间隔着一条鸿沟，一线需要的东西和实际在研究的东西实在差太多了。"

许多研究者只把蝗虫当成实验材料，都好多年没人发表与防治蝗虫直接挂钩的成果了。

"我也有同感。要是不了解蝗虫的基本生态，再多的高科技研究都无法揭示真相。要揭开沙漠蝗虫的奥秘，就得先搞清楚野生蝗虫的习性。这条路当然不好走，但我坚信野外调查的重要性是无可比拟的。总得有人怀着献身精神潜心研究，否则蝗虫问题永远都无法解决。我想成为这个领域的开路人。我已经下定了决心，将研究沙漠蝗虫作为自己毕生的事业。我想把一线的真实情况展现在实验室科研工作者的面前，想要拯救非洲。所以我不远万里来到非洲也是理所当然的。"

听完这番述怀，巴巴所长牢牢握住我的双手说：

"说得好！你虽然年轻，想得却很清楚，武士的传人就是不一样。你是毛里塔尼亚的武士！从今天起，你就叫浩太郎·乌鲁德·前野吧！"

好一场出乎意料的赐名。

"乌鲁德"（Ould）是毛里塔尼亚最具敬意的中间名，意为"某某的后裔"。巴巴所长的全名就叫"穆罕默德·阿卜杜拉·乌鲁德·巴巴"。要是没能如愿成为昆虫学家，怕是会贻笑大方，但我还是决定，以后都用"前野·乌鲁德·浩太郎"这个名字发表论文（户籍上登记的名字还是"前野浩太郎"，使用笔名的科研工作者也是有的）。通往成为昆虫学家的道路定是布满荆棘和险阻。负伤倒下时，注入"乌鲁德"之名的决心定能助我重整旗鼓。

改名的另一个理由是向巴巴所长展示自己的诚意。我想让他知道，我这人无钱无权，不会说当地的语言，身无所长，唯有一腔热血。

肩负"乌鲁德"之名的日本蝗虫博士就此诞生，蝗虫研究的历史也即将翻开新的篇章。

SOS！紧急援助

本以为自己是去非洲做研究的，用不着穿正装抛头露面，没想到西装竟成了不可或缺的装备——

因为我要去日本驻毛里塔尼亚大使馆会见东博史大使了。大使是日本在毛里塔尼亚的门面。近年来，日本大力援助毛里塔尼亚的渔业，在港口建设了气派的水产品市场和加工厂。来自毛里塔尼亚的章鱼登上了日本各地的餐桌，占了日本章鱼总消费量的 30%。

我受邀与东大使探讨蝗虫研究能以怎样的形式助力日本今后对毛里塔尼亚的农业援助，问题是……没有合适的行头啊！最终只得冒天下之大不韪，穿着 T 恤走进大使馆……

东大使倒也没说什么，可我心里实在是过意不去。我心想这样的机会怕是不会少，便联系了位于秋田的老家，让父母紧急空运一套正装过来，顺便寄点来时忘带的东西和吃食。

不寄不知道，一寄吓一跳：原来从日本向外国寄送物资需要缴纳"关税"，尤其是新品。不同的东西有不同的税率，所以还得查明每种东西的法语名称和价格，用于报关。日本那边的手续都是托父亲办的，也真是难为他了。

两个星期后，我接到邮局的电话，说"你的包裹到了，过来拿吧"。毛里塔尼亚的邮局不会送货上门，收件人得自己去取。我兴冲冲地跑过去，窗口的大妈却不肯给，说什么"今天负责人不在，拿不了包裹"。刚才在电话里说得好好的……这可是首都最大的邮局啊！负责人不在就领不了包裹，简直岂有此理！哎，大妈身后不就是写着我名字的纸板箱吗！我好说歹说，大妈却一口咬定"今天拿不了"。

见大妈拂袖而去，一个年轻的女职员偷偷给了我负责人的电话。我让蒂贾尼帮忙打电话问问。负责人表示，如果我肯给他报销打车的钱，他倒是可以在两个小时后来一趟。我想尽快取回包裹，就答应了他的要求。在外面逛了一圈，回到邮局时，负责人还是不见人影，我只得继续等待。

业务大厅里异常炎热，还不如外头的树荫下凉快。我擦着汗，视线不经意地落在墙上，这才发现了热气的源头。窗口职员吹着空调，而空调的外机就装在业务大厅的墙上，一个劲地朝顾客吹热风，完全没考虑到人家的感受。看着汗流浃背的顾客干活，肯定凉爽得很。

"蒂贾尼！这是闹哪出啊！我在日本可没见过这种事！"

"别说你了，我们毛里塔尼亚人也看不懂啊。是不是啊，伙计们！"

蒂贾尼联合业务大厅里的其他顾客嚷嚷起来。看来大家都是一肚子怨气。

过了好一阵子，负责人总算来了。我给那位大叔报销了车钱，好不容易熬到了在窗口交付包裹的环节。谁知大叔又出了道难题：要求我出示收据。

"收据在包裹里！东西是大老远从日本寄来的，我上哪儿找收据啊！"

我出示护照，证明自己的名字与收件人是一致的，可对方充耳不闻。见我们争执不下，身后的绅士帮腔道："名字都一样，

空调外机毫不留情地将热风送入业务大厅，蒂贾尼在一旁与工作人员交涉

还能有什么问题？为什么不给人家！"这下可好，负责人把我单独带去一间屋子，要求我支付20100乌吉亚。邮费和关税都在日本那边付清了，怎么还要付钱？我虽然满腹狐疑，但还是掏了钱。大叔把厚厚一沓纸币塞进自己胸前的口袋，吩咐下属拿包裹给我，连收据都没开。包裹总算到手了，可我总觉得哪里不对。

蒂贾尼告诉我，只要收件人是外国人，邮局都会先拒绝对方领取。无论人家什么时候来，都一口咬定"今天领不了"。外国人开口求了，就说"需要额外交钱才能办加急"，拿了钱才交出包裹。据说这是邮局的惯用伎俩。"加急费"通常是2000乌吉亚，我的损失却是市场价的10倍之多。这般狮子大开口，连蒂贾尼都惊呆了。宰谁不好，偏偏宰我这么个穷光蛋。腐败成这样，真是烂透了，《风之谷》里的巨神兵见了都要甘拜下风。

我实在咽不下这口气，便去找巴巴所长诉苦。所长立刻叫来蒂贾尼，狠狠训了他一通。

"明明有你跟着，浩太郎怎么还会遭这种罪！"

"我也没办法啊！他们把浩太郎拉进了小黑屋，我也没法跟去啊！"

"对不起，浩太郎，我都替他们脸红。一群该死的蛀虫！难为你远道而来，却要受这种气，我真是过意不去。说来惭愧，贿赂在这个国家依然根深蒂固。要是再碰上这种事，请立即通知我，绝不能再让你受委屈！"

都怪我用自己的名字收包裹，这才成了冤大头。以后收件人一律写带"乌鲁德"的名字，请研究所的工作人员代领。

各路友人也通过海运寄送了一些救援物资，可惜有的包裹被退回给了寄件人，里面的东西都只剩六个月的保质期了，还有些包裹下落不明……痛感毛里塔尼亚与日本相隔万里的时刻莫过于此。

"蓝胖子"的心理阴影

生气归生气，但远道而来的救援物资好歹是到手了。笑容满面地拆开箱子，魂牵梦萦的物资映入眼帘。其中也包括唯一一套能穿出去见人的衣服——上大学时母亲给我买的西装。

母亲是位收纳能手。收拾搬家的行李时，她总能把箱子塞得满满当当，不留一丝缝隙。这次的包裹也不例外。她没用气泡纸之类的东西填缝，而是塞了几包方便面当缓冲垫。干面被挤碎了也无妨，连嚼的功夫都省了。搭配西装的皮鞋里塞了瓶装炒面酱，可以有效防止鞋子受压变形。

谁知拆着拆着，我便察觉到了异样。方便面居然是被啃过的。难道是母亲打包时偷吃了几口？

我怀着种种疑虑取出箱子里的所有东西，发现箱底有个洞，周围散落着碎成渣的方便面、鸡汤拉面和黑色颗粒。综合这些蛛丝马迹，我得出了一个假设。

"老鼠入侵纸板箱，啃了方便面。而且它觉得箱子是个舒

被老鼠啃坏的救援物资

坦的好地方，在里头待了好一阵子。"

黑色颗粒肯定是老鼠屎。箱子碰巧破了个洞，老鼠便趁虚而入，把我心心念念的口粮啃得一塌糊涂。

可恶的老鼠！就不能乖乖啃奶酪吗！

天知道包裹是在运输途中遭了殃，还是在邮局的时候进了老鼠。纸板箱确实便宜，可惜不够耐用，得用胶带加固一下。

都说老鼠携带了大量病原体，会传播各种危险的疾病。有几包方便面几乎是完整的，只是被稍微啃了几下。可要是因为贪嘴吃出了毛病，那岂不是得不偿失吗？我只得闻闻气味过过瘾，不情不愿地将它们都扔进了垃圾桶。

哆啦 A 梦在睡梦中被老鼠咬掉了耳朵。万万没想到，我竟也有与它同病相怜的一天。

后来，我有幸会见了大使和农业大臣等要人，西装自是派上了大用场。只不过……毕竟是花了足足五万日元的运费，让家人千辛万苦寄过来的，我实在是难以启齿——其实在毛里塔尼亚现买一套就是了（土耳其产的上衣和裤子，外加一件衬衫，总价也就一万日元）。可惜等我反应过来的时候，已经是五年后了。

终极偷懒话术

我与蒂贾尼以雷霆之势建立起了顺畅的沟通。打手势就不用说了，使用的语言也是法英双拼，但我们好歹互通了心意，弥补了词汇量贫瘠的问题。

见我们天天搭档干活，却也没人帮忙翻译，研究所的每个人都很好奇。迅速实现顺畅沟通的诀窍，在于"用一个词表达好几种意思"。

以法语"fatigue"为例。这个词原本是"累"的意思。

"车 fatigue"代表"汽油快用完了"。

"头 fatigue"有两种意思："烦恼心累"和"秃顶"。可以用来指代某个特定的人，比如"头 fatigue 的穆罕默德"。

"肚子 fatigue"则是"吃撑了"的意思。

需要加强程度的话，就加个"beaucoup"（很）。"beaucoup fatigue"="疲劳很多"，即"超级累"。

顺便一提，表达疲劳程度有以下四种说法，视情况灵活运用："pas de problème"（没问题）、"fatigue"（累了）、"beaucoup fatigue"（超级累）和"finish"（累死了）。

至于日期，"昨天"是"hier"，前天就是"hier hier"。要表达"四天前"，就把"hier"重复四遍。

在研究所见了人总要打招呼。"Ça va?"（你好吗？）可以重复两次（"Ça va? Ça va?"），或者加强语气，上扬句尾，多弄出几个版本来，视对方的情况灵活调整。比如上次用了轻柔版，这次就重复两遍，来个加强版。

想必大家也看出来了，我对学法语这件事是一点兴趣都没有。

"一词多用策略"的灵感来自秋田方言。好比"け"（ke）这个字，在秋田方言中就有好几层意思，包括"头发""过来""痒""吃吧"等。秋田人会视情况调整语调和尾音，表达不同的意思，用惯了还挺方便。（我个人坚信）在天冷的地方生活的人有压缩单词长度的倾向，因为张嘴的时间太长，寒气就很容易侵入肺腑。

"你上哪儿去啊？""去趟澡堂。"要进行这样的对话时，秋田人和青森人分别是这么说的：

"どごさ？""ゆっこさ。"（秋田版）

"どさ？""ゆさ。"（青森版）

越往北，说法就越精简。沙漠里黄沙漫天，话肯定也是越短越好。

我跟蒂贾尼交流全靠蹦单词。

"aujourd'hui, premier, programme, acheter, manger, s'il vous plaît."（今天的计划是，你先帮我买点吃的来。）

只有我们才懂的独创语言日渐成形。

这么偷懒无异于作茧自缚，只会让我越来越没动力学法语。然而拜越发娴熟的手势所赐，我才来非洲三个月就不需要别人帮忙翻译了，走到哪里都不怕（好孩子还是乖乖学外语吧，毕竟说对方的语言也是对人家的尊重）。

而且蒂贾尼特别能干，也给我减轻了不少负担。

驴车堵路

在毛里塔尼亚，运输人员和货物主要靠驴子。驴子拉的板车叫"charrette"，跟机动车一样走车道。驴车的车夫会用木棍或水管殴打驴子的腰部以提高车速，但再打也快不到哪儿去，所以路上有许多驴车的时候就很容易拥堵。身强力壮的驴子偶尔会"咕哞"一声，发出怪物般的嘶吼，不过大多数时候性情温顺。驴车有单驾的，也有双驾的。寻觅各种类型的驴车，偷拍几张照片，成了我坐车出行时的一大乐趣。

某次外出购物时，我们在路上遇到红灯停了下来。就在这时，一个小男孩冲了过来，拍打车窗。我吓了一跳，转头望去，只见他伸出手来，冲我嚷嚷着什么，像是在要东西。

"蒂贾尼，这是怎么回事？"

"L'argent."（钱。）

我心领神会：原来是个小乞丐。常有孩子拿着空罐站在红绿灯附近，有车停下就走过去挨个敲窗讨钱。听爷爷说，日本当年也有乞丐挨家挨户讨要吃食和钱。

我不清楚这种情况一般该给多少，就给了至少够吃三顿饱饭的金额。小男孩兴高采烈地道了声"Merci"，然后转战下一

驴车。驴子被迫做艰苦的体力劳动

辆车。其他孩子正要冲过来，绿灯却亮了。车毫不留情地发动离开。

"蒂贾尼，我可以给他们钱吗？"

"Beaucoup nice（当然可以）！帮孩子是大好事。毛里塔尼亚人都很乐于助人的，你帮他们怎么会不好呢！"蒂贾尼带着灿烂的笑容回答道。

每个人都在为生计苦苦挣扎。后来有人告诉我，乞儿在其他国家常被当作捞钱的工具。就算有好心人给钱，那些钱也会被幕后的"头头"收缴，所以碰到饥肠辘辘的孩子，最好直接给吃食。

说句实话，因为日本这些年已经看不到乞丐了，所以我起初有些不知所措，直纳闷"毛里塔尼亚有那么穷吗"。但细细一看，给孩子们钱和食物的人还真不少。我恍然大悟：正因为有人愿意伸出援手，才有人上街乞讨。去日本街头试试就知道了，这年头治安这么差，谁敢施舍钱物给一个萍水相逢的陌生人呢？我原本只觉得乞丐可悲可怜，但他们周围其实也涌动着温情。仅仅因为没钱，就不得不在烈日下站上好几个小时，这是何等的残酷。

也有人认为，施舍钱物有碍乞丐自食其力。我并不富裕，这么做容易被误会成伪君子，但还是决定入乡随俗。付出一点小小的心意，就能让他人心花怒放，这对我来说何尝不是一种救赎。

博士的日常点滴

不外出调查的日子我都在招待所度过。清晨五点一到，清真寺就会大声广播，号召民众向真主祈祷，但我那时还在梦中。七点起床后的第一件事就是冲澡。热水时有时无，还经常断水，所以得用个大号水盆提前打些水备用。

招待所没有洗衣机，只能手洗。手洗对衣料的损伤少，就是苦了洗衣服的人。脱水也只能靠手，拧不太干，所幸烈日给力，湿衣服分分钟就能晒干。遇上风大的日子，衣服上会沾满沙尘，可我实在懒得洗第二遍，该穿照样穿。其实我连第一遍都懒得洗，所以每天都要冲好几次澡，尽量不弄脏衣服，同一件 T 恤穿两三天再洗。自己待在房里的时候，我甚至只穿一条内裤，以免产生脏衣服。这下我总算明白了，为什么洗衣机在"二战"后会被尊为"三大神器"之一。

午餐基本都是自己做的。主食有米饭、面包和意面可选。当地能买到的蔬菜还挺多，有茄子、西红柿、秋葵、大蒜、生姜、豇豆、洋葱、黄瓜、西葫芦、南瓜、小葱、薯类、萝卜、辣椒、牛油果、香菜、生菜、卷心菜、胡萝卜、青椒、豆类……大大出乎我的意料。只可惜蔬菜基本都是进口货，放眼望去都是蔫蔫的。能买到的肉有山羊肉、牛肉、骆驼肉和鸡肉。出于宗教原因，市面上完全见不到猪肉。

来了毛里塔尼亚之后，我在饮食方面并没有什么不满，这主要是因为我本身还挺喜欢做饭的。不瞒你说，我在称霸日本各大车站的连锁居酒屋"白木屋"的后厨做过两年兼职，厨艺了得。话说青森县的弘前站分店刷新日销售额纪录（截至2004 年）的那一天，就是我力挽狂澜，疯狂颠锅，以一己之力撑起了热炒岗。难能可贵的是，毛里塔尼亚还能买到越光米。

称斤卖的肉摊。蒂贾尼死死盯着，防止摊主用全是骨头的肉滥竽充数

自己做饭也要全力以赴，绝不偷懒马虎

因为日本政府援助了不少大米给毛里塔尼亚，市场上也有流通。不费吹灰之力就能吃上日本大米，真是太幸运了。

身体是野外调查的本钱。我常在中午最炎热的时候背着背包，两手各拿一个灌满沙子的塑料瓶，绕着招待所一圈圈地走，美其名曰"拉练"；傍晚时分则绕着招待所慢跑。以"新发现始于下一步"为口号，我想方设法提升体能。

突然从空调房转战沙漠，身体难免会无法适应温度的变化，变得疲乏无力。为了适应沙漠中的酷暑，我会有意识地在野外调查的三天前停用空调。室外气温足有 40 摄氏度，但待在混凝土房子里好像还挺凉快。毛里塔尼亚办公室的空调开法也很有意思，大家都会开足冷气，冻得直哆嗦。这和北海道人在隆冬季节开足暖气，在家里穿 T 恤有着异曲同工之妙。

夜幕降临后，我会在研究所里四处徘徊，观察被室外灯引来的虫子，以锻炼眼力。用来发现昆虫的"眼睛"一旦生锈，恢复起来就特别花时间。必须想方设法维持五感的敏锐，这样才能捕捉到每天的细微变化。为了在野外调查时迅速进入最佳状态，每天的钻研与提升必不可少。

由于语言不通，参加会议和聚会时难免尴尬。但不可思议的是，虽然听不懂的外语满天飞，我却没有被排挤的感觉。因为在日本和其他领域的科研工作者交流时也是如此。对方说的明明是日语，我却完全听不明白，只得听过就算。如此看来，我早已习惯了"客场作战"。

闺中博士

每每被问及"毛里塔尼亚的治安好不好",我都会回答"还不错"。凶案难得一见,恐怖袭击也消停好一阵子了。如果地球上真有绝对安全的地方,还请指个路。我觉得日本已经算是相对安全的了,恶性案件不还是频频发生吗?

我若在非洲遇袭,大家就一定会这么想:"瞧瞧,非洲果然是个吓人的地方!"万一碰上强盗,成为昆虫学家的梦想便会化作泡影,还会给许多人添麻烦,所以得谨慎行事。

日本人爱过有规律的生活,好比"每天都在固定的时间去固定的地点喝咖啡"。而这为犯罪分子制订犯罪计划创造了有利条件。让自己的行为模式变得无法预测,也是重要的避险措施之一。但飞来横祸是避无可避的,只要出门,就有可能被卷入犯罪事件。

于是"家里蹲"就成了我的首要避险方针。周末(当时毛里塔尼亚是周五、周六放假,现在改成了周六、周日放假)一律窝在研究所大院的招待所里。有围墙拦着,犯罪分子就奈何不了我了。一年住下来,周末外出的日子竟只有区区两三天。然而,这个策略有一个致命的弱点,那就是"缺乏刺激",毕竟它的中心思想就是用刺激换安全(所幸一年后,大使馆的工作人员时常邀请我参加餐会,以及由各国大使馆组织的躲避球对抗赛,多谢关照)。

多亏了互联网,我才没憋出毛病来,可以通过社交网站与日本的亲朋好友进行跨时空交流。而且来到非洲之后,这样的交流反而变得频繁了。我还养成了每隔两周和身在秋田的父母打个 Skype 电话的习惯（只开语音，因为网太烂）。明明去了非洲，秋田口音却变重了，以至于朋友们纷纷怀疑"前野是不是跑回秋田隐居了"——事实是，我平时只和父母说日语。

佐藤、高桥、穆罕默德

我渐渐记下了研究所职员们的称呼。这边的"穆罕默德率"高得惊人，日本三大姓（佐藤、铃木和高桥）都望尘莫及。而且研究所并非特例，走到哪儿都能遇到"穆罕默德"（西迪、艾哈迈德和希达梅德也很多）。

我问蒂贾尼："大家都叫穆罕默德，肯定很难区分吧？"他却表示这不成问题，可以按职业区分（比如"厨师穆罕默德""门卫穆罕默德"），也可以按体格区分（比如"大块头穆罕默德""小个子穆罕默德"）。话说本书中也有若干穆罕默德登场，但都不是同一个人，敬请留意。

第三章

启程之前

看到这里，读者朋友们肯定会觉得，我是误入了歧途，这才走上了如此坎坷的人生道路。我并不否认这一点，不过了解我是如何陷入这种局面的，有助于防止诸位的子女突然提出"我想去非洲研究蝗虫"，颇具现实意义。本章将向诸位展示，在启程前往非洲之前我度过了怎样的前半生。

目标直指法布尔

儿时的我是个小胖墩，捉迷藏的时候小跑几步都会气喘吁吁。玩鬼抓人的时候就更要命了。一旦当了鬼，就只能当到底了，因为我跑不快，谁也追不上。让这样的人当了鬼，游戏就玩不下去了，于是心地善良的小伙伴们开始故意对我网开一面。渐渐地，我就成了空气一般的透明人。作为凑人头的配角跑上两圈，就会累得脱离战线，瘫坐在路边。因为无法与小伙伴们尽情玩耍而垂头丧气时，昆虫闯入视野——

反正闲着也是闲着，我便细细观察起来，发现昆虫简直是疑问的集合体。为什么那么动？为什么长成那样？脑海中冒出一个又一个问号。"为什么"堆成小山时，母亲从本地的秋田市立土崎图书馆借来一本法布尔《昆虫记》。我苦苦寻觅的答案，都在那本书里。

故事的主人公——昆虫学家法布尔自行设计实验，揭开了一个个昆虫之谜。多酷啊！我顿时将各路英雄抛至脑后，对法布尔的研究产生了无限的向往，决定长大了也要当个昆虫学家，剖析昆虫的奥秘。

老家秋田有草原、森林、农田与山脉，自然资源丰富，堪称昆虫的宝库。把死去的锹形虫和独角仙钉在木板上做成标本，作为暑假手工作品交给老师，谁知标本竟在教室的角落里日渐腐烂，发出阵阵怪味。关于"铃虫如何鸣叫"的观察报告在秋田市作文比赛上得了优秀奖……我的人生就这样渐渐染上了昆虫的色彩。不知不觉中，"做个昆虫学家"的梦想渐渐成形，心中的热忱在小学毕业作文集中展露无遗。孩童时便被法布尔的魅力深深俘虏，直至长大成人都无法自拔。

做梦虽好，可惜人要在社会上生存，就必须工作挣钱。饶是法布尔都没法靠研究昆虫糊口，不得不教书谋生。在今天的日本，真能靠研究昆虫挣到钱吗？所幸"昆虫学家"这种职业确实存在。大学、研究机构、博物馆、昆虫馆、企业、农业试验站都需要昆虫学家。要成为正式的昆虫学家，而非自封的，就必须在大学取得博士学位。上高中的时候，我就知道在大学念上九年（四年本科生＋两年研究生＋三年博士生），写出汇总研究成果的学位论文，并且最终顺利提交通过，便能功德圆满，获得博士学位。

当年互联网还没有普及，大学的情况只能通过人和书本了解。我查阅了介绍每所大学的"红皮书"[1]，得知和昆虫有关的研究归农学院或理学院管。

秋田是盛产大米的农业县，可不知为何，秋田大学竟没有农学院。那周边大学有没有专注昆虫的研究室呢？我查了一下，发现隔壁青森县的弘前大学有一个。高三那年暑假，我参加了弘前大学的校园开放日，第一次在现实生活中见到了昆虫学家——我日后的导师安藤喜一教授。只要是和昆虫有关的，就没有他不懂的，而且他聊起昆虫时眉飞色舞的模样，也让我生出了无限憧憬。

本以为会利用校园开放日参观研究室的有心人也就我一个，没想到还来了个更厉害的昆虫发烧友。不赢过他，就无法成为安藤教授的学生。回到秋田后，我开始发奋学习。

那一年，我俩双双名落孙山。干劲十足，可惜成绩不够。当年秋田没有什么出名的复读班，我只能去仙台的河合塾文理预科学校，住宿舍埋头复读。经过一年的苦读，我总算如愿拜入安藤老师门下。听说当年的竞争对手去了另一所大学。

考上大学后，我投身于社团活动，到处打工，尽情享受青春，在大三那年的秋天踌躇满志地进了研究室。

1　日本的大学入学考试指南丛书，封皮为红色。

大愿得偿。我专攻昆虫学，研究起了蝗虫，在导师的引导下饱尝研究的妙趣，对昆虫也越发着迷了。

后来，我在田中诚二博士［现任职于国立农业和食品业技术综合研究机构（NARO）］的建议下研究起了栖息于非洲的沙漠蝗虫。在效仿前人推进研究的过程中，我以法布尔为榜样开动脑筋，取得了新发现，也发表了论文。与世界各地的科研同人分享蝗虫的新秘密让我备感愉悦，越发沉迷于研究。要是下半辈子都能研究蝗虫，那该有多幸福啊。无论如何，都得先拿到博士学位，这样就能向魂牵梦萦的"昆虫学家"更进一步了。我心只有一点旁骛地读了博士，最终在神户大学拿到了学位。

谁知千辛万苦获得的博士学位，竟是通往地狱的单程票。

梦想的背面

"成为博士"并不意味着"有工资可领"。等待着菜鸟博士们的，是一场你死我活的抢椅子游戏。若能抢到一把"椅子"，也就是正式职位，就能拿着稳定的工资做你的研究，直到退休。然而，唯有一小部分幸运的博士能够抢到这样的位置。暗藏于梦想背面的，是无比惨烈的竞争。

一般来说，拿到博士学位的科研工作者在被正式聘用之前，要辗转多处做有任期限制的"博士后"，勉强维持生计。简而言之，博士后相当于博士版的劳务派遣。

博士后也有很多类型，可以临时受雇于正式职员负责的研究项目，也可以当日本学术振兴会（简称"学振"）的特别研究员，在国内的研究机构任职三年，做自己想做的研究。外国也有类似学振的制度，不过任期只有两年。把国内外的学振组合起来，就有五年时间研究自己中意的课题了。假如你在求学的路上一切顺利，没有复读或留级，就能在 27 岁时获得博士学位，但之后即便有幸进入学振系统，过了 32 岁也没有任何制度能保证你继续从事心爱的研究了。

我对"昆虫学家"的定义是，找到一个可以研究昆虫，且没有任期限制的终身职位。学振那边是千军万马过独木桥，找个职位糊口都难。菜鸟博士又该何去何从呢？

"JREC-IN"是颠沛流离的博士们每天必上的网站，上面有各种科研求职方面的最新资讯。该网站由文部科学省下属的科学技术振兴机构（JST）运营，旨在促进日本的科学技术发展。只要提前设定好"昆虫"等关键词，一旦有人发布相关的招聘启事，网站就会自动发邮件给我。当正式的科研工作者退休或人员调动出现职位空缺时，大学或研究机构就会进行公开招聘。上百个博士争夺一个职位的情况屡见不鲜。和博士的人数相比，"椅子"的数量少得可怜，所以博士们不得不睁大眼睛，时刻准备着。

谁能在生死攸关的抢椅子大战中脱颖而出？关键在于"论文"二字。

不发表就出局

论文是汇报新发现的"载体"，要发表在学术期刊上。各个领域都有大量的学术期刊，奈何世道艰难，"文章发表在什么期刊上"左右着科研人的命运。论文登上了高水平的期刊，就能被更多的读者看到，对世界产生更大的影响。此外，每种期刊都有对应的"影响因子"[1]（好比 A 期刊是 5 分，B 期刊是25 分），而"期刊水平高"往往可以和"影响因子大"画等号。论文需经过同行评审，只有达到了期刊要求的水平才会被接受。

"抢椅子"的时候，人们往往会根据科研工作者发表的论文的影响因子客观评估其实力。已发表的论文被其他论文引用的次数也是衡量论文价值的重要指标。说论文是科研工作者的命和分身也毫不夸张。发不出论文，就注定会被淘汰。

"Publish or Perish."（不发表就出局。）

这句学术界格言精准刻画了科研工作者面临的重压。

写出一篇有说服力的重磅论文难免费时费力，可要是被人抢了先，那便成了炒冷饭，影响因子也会直线下降。就业要看论文，申请研究经费也得看论文。申请人若是没发表过任何论文，哪怕创意本身再好，评审员也不会把你放在眼里。

对论文的追捧甚至催生出了一种逆转现象。想当年，论文是发表新发现的手段，可现在却有种"为了发论文去挖掘新发现"的风潮。当然，发表论文并非学术研究的全部。别人无法模仿的精湛手艺或最前沿的技术也是求职时的一大利器。

博士所面临的困境大略如此。拿到博士学位后，我在国内做了三年的学振博士后研究员，离任期届满只剩几个月了，到了该考虑出路的时候。

---

1 impact factor，代表期刊影响力大小的定量指标。

究竟该走哪条路呢？我必须做出抉择，找到梦想和生活之间的平衡点。将苦恼的人生变得更加复杂的，则是我选择的研究对象——蝗虫。

儿时的承诺

事情要从在小学低年级时读到的一本少儿科学杂志说起。杂志上登了一篇文章，说某国爆发了蝗灾，有旅行社专门策划了"观蝗之旅"，服务那些想看蝗虫的外国人。旅行团如愿看到了蝗虫，却不幸被卷入蝗群。被漫天飞舞的蝗虫撞上也就罢了，一个穿着绿衣服的女团员竟被饥肠辘辘的蝗虫错当成了可以吃的植物，一身衣服被啃得渣也不剩。蝗虫的贪婪着实吓人，但我也对文章里的女团员羡慕不已。

"我也好想被蝗虫啃哦！"

从那天起，"穿绿衣服冲进蝗群"便成了我的梦想。

随着年龄的增长，这个荒唐的梦想被我忘得一干二净，研究蝗虫两年多后才被我再次想起。亲密接触蝗虫的两年让我患上了蝗虫过敏症。蝗虫稍微在胳膊上走两步，就能踩出一串荨麻疹来。

有一次，蝗虫趁着换饲料的工夫扑到了我的脸上。我自是急忙甩开。明明是第一次碰上这种事，却有种莫名的怀念感。对了！在大脑的角落里尘封已久的梦想骤然鲜活起来。

我摸着脸上的荨麻疹，冷静分析自己的处境。长大成人后，我确实过上了天天跟蝗虫打交道的日子，显然正朝着儿时的梦想稳步前进。话虽如此，太太平平地坐在实验室里研究蝗虫，也不可能在外国遭遇蝗群。黄粱美梦，本该到此为止。

谁知命运早已将我拽进了儿时的梦想。因为我研究的蝗虫，正是肆虐非洲、闻名全球的沙漠蝗虫。

"天谴"= 蝗虫爆发

飞蝗飞蝗，虫中之皇。世界各国的粮仓地带都有本土蝗虫栖息。我研究的沙漠蝗虫栖息在非洲的半沙漠地带，时常大规模爆发，严重危害当地农业。《圣经》和《古兰经》里都有对蝗灾的描写。蝗虫一旦爆发，就会形成百亿规模的大蝗群，铺天盖地，笼罩东京全城都不成问题。农作物自不用说，所有绿色植物都会沦为它们的口粮。由于成虫每天可顺风飞行100多千米，灾情会迅速扩大。地球陆地面积的20%面临着蝗虫的威胁，单西非一地，每年的损失总额就高达400亿日元。蝗虫的肆虐也是非洲深陷贫困的一大原因。

蝗虫的翅膀上有独特的花纹。在古埃及传说中，那些花纹组成了希伯来语单词"天谴"。人们常用"蝗灾"一词指代蝗虫造成的破坏，可见全球人民都像畏惧天灾那样，对蝗虫战战兢兢。

沙漠蝗虫为何频频爆发？因为这种蝗虫有一种特殊的能力，同类多了就会华丽变身。在零散分布的低密度状态下发育起来的个体被称为"散居型"。它们会长成普普通通的绿色蝗虫，性情温顺，相互避让。而在同类随处可见的高密度状态下发育的个体会成群结队、四处迁飞，若虫身上有醒目的黄黑斑纹。人们畏惧的黑色恶魔，就是这种"群居型"蝗虫。群居型蝗虫的成虫有着适合飞行的形态，翅膀比身体还长。

人们一直以为散居型和群居型是两个不同的物种。直到1921年，俄罗斯昆虫学家乌瓦罗夫爵士（Uvarov）提出了新的见解：蝗虫密度较高时，散居型就会转变为群居型。他将这种现象命名为"多型性"（型变）。

蝗虫爆发时，所有个体都会变成群居型，为非作歹。因此学界认为，若能防止蝗虫型变，就能将蝗灾扼杀在摇篮里，阐明型变机制就是解决蝗虫问题的"钥匙"。为此，世界各国进行了长达一个世纪的研究。关于蝗虫的论文早已突破了一万篇。放眼昆虫学界，蝗虫是最具历史底蕴且传统悠久的研究领域。即便在今天，只要有这个领域的新发现问世，就会立刻登上顶级期刊的封面。

顺便一提，散居型蝗虫（Grasshopper）在日语中称"イナゴ"，群居型蝗虫（Locust）则称"バッタ"，以便区分。也有人用"オンブバッタ"（负飞蝗）、"ショウリョウバッタ"（精灵蝗）之类的俗称，但从严格意义上讲，这两个词指代的是同为散居型蝗虫的另外两种昆虫[1]。"Locust"源自拉丁语"烈火燎原"——因为蝗虫过境后，所有绿色的东西都会荡然无存。

1　オンブバッタ是长额负蝗（*Atractomorpha lata*），ショウリョウバッタ是中华剑角蝗（*Acrida cinerea*）。

去非洲走走看看，兴许就能邂逅成群的沙漠蝗虫了。可惜我是个卑微的博士后，必须不断发表论文才能找到工作。谁能保证我去了非洲就能有新发现，就能找到论文素材呢？毕竟非洲没有像样的室内实验设备，所有的研究都是在野外进行的。将命运托付给大自然的风险实在太高了。然而，日本已经没有任何制度能让我在领取工资的同时自由自在地做研究了。

求稳还是求真

生物学研究有室内与室外之分。室内研究可以人工控制温度、湿度、日照时间等变量，有助于在稳定的环境下开展实验，排除多余的干扰因素，确保实验在纯粹的条件下进行。而且科研工作者可以根据自己的日程开展研究，灵活机动。

室外研究则伴随着种种突发情况。环境不稳定就不用说了，科研工作者还必须置身于研究对象所处的环境。无论你方不方便，乐不乐意，都得在野外待着。不过，研究生物的初衷本就是理解自然，所以实地观察是基本功里的基本功，也是研究的基石。

来非洲前，我一直都在实验室里做研究。因为实验环境稳定，不愁没数据写论文。单单饲养蝗虫，就可以同时研究与其生活史有关的多种生物现象，好比蜕皮的次数、长到成虫所需的天数、体色的变化、产卵的数量……可以从一只蝗虫身上采集到各种各样的体征数据，高效推进研究。再加上周围同事的鼎力相助，我的研究生活可谓一帆风顺，发表了一系列论文，只是"没怎么见过野生蝗虫"终究是心里的一个疙瘩,令我羞愧难当。

小笼子里的蝗虫也受本能的驱使,但它们的一些行为实在叫人费解。举个例子:不知为何,蝗虫总爱停在笼子的顶板上。可野外哪来的"顶板"呢?所以这种行为的意义是个未解之谜。由于饲养室熄灯后禁止入内,我也无缘观察门后的深夜秘事。想象力再丰富,都不过是纸上谈兵,因为我不清楚实地的情况。不了解蝗虫在栖息地的模样,再缜密的室内实验都有可能建立在误会之上。可实地充满了不确定性,我又必须持续发表论文。

我烦恼不已,心想再这么下去,也许就成不了真正的蝗虫学者了。看到这里,读者们也许会想:那就去非洲嘛,有什么好犹豫的呢?问题是,我去过毛里塔尼亚的蝗虫研究所,知道那里没有饲养室,生活条件好像也很艰苦,不太可能进行稳定的研究,天知道去了能不能写出论文。

面前有两条路可走:要么找个机构待着,继续在实验室里稳步积累业绩;要么去充满未知数的非洲。求稳还是求真?选哪条路,才能让我更接近成为昆虫学家的梦想,更接近偶像法布尔?如果在非洲做出成绩的胜算够大……我心中的天平倾向非洲,只差找到能推我一把的胜算。苦思冥想时,眼前出现了一缕微光。

其实没几个人做过针对沙漠蝗虫的野外调查,这方面的研究无异于一张白纸。简单的观察都有望带来新发现,我这样的新手也有可能做出成绩不是吗?要是能把所有发现都转化成论文,就能成为梦寐以求的昆虫学家了。我可以在非洲积累业绩,成为货真价实的蝗虫专家。说不定还能用自己的双手解决困扰人类已久的蝗虫问题。

也许人生中总有那么几个必须放手一搏的时刻，而现在就是。应该能闯出点名堂来——我怀着不靠谱的自信，决意将多年的梦想押在"非洲梦"上。

手握单程票

去非洲打拼也需要启动资金。我决定利用"日本学术振兴会海外特别研究员"制度（向外国派遣年轻科研工作者的制度），远赴毛里塔尼亚。若能成功申请，就能得到每年380万日元的资助（包括生活费和研究经费），为期两年。我提交了研究计划，经过层层筛选，成了1/20的幸运儿。

非得在非洲做出成绩，成为有稳定工资的全职昆虫学家不可。发了论文也不一定能找到工作，可是不发论文就一定会流落街头。两年后的日程还是一片空白，只能放手一搏，先去非洲闯闯看了。

着手筹备这场非洲远征的时候，东日本大地震突如其来。我的老家在日本东北，许多亲友都受到了影响。我也不是没想过，"也许把即将花掉的研究经费用在救灾上才更有意义"，可这点钱也帮不了几个人，只能聊以慰藉。哪怕站在不同的舞台上，我们也可以并肩战斗，互相鼓励。我决定开一个名为"真！沙漠虫王"的博客，定期汇报自己在非洲的生活，权当是跟朋友和父母报平安。

告别手机

毛里塔尼亚离我老家足有 13000 千米，坐飞机要 35 个小时，一张单程机票要 60 万日元（不知为何，买往返机票能便宜一半，天知道是怎么算的）。

从成田机场出发，中途在法国转机。我托运了八个纸板箱的行李，里面装满了可能会用到的研究器材与日常用品（每箱的运费高达 25000 日元），以便在抵达毛里塔尼亚后尽快开展研究。

办妥出境手续后，我给父母打电话道了别，也给朋友们挨个儿发了短信。若干年后，我真能平平安安回到故土吗？

带去非洲的食材，舌头渴求高汤的鲜味

候机厅里挤满了去法国度假的人。情侣和游客们皆是笑容满面，满怀着对假日的期待。只有我一脸凝重。时间到，准时登机。

机上广播提醒乘客们尽快关闭电子设备。而我攥着的手机一旦关机，就无法再作为"电话"使用了。因为解约手续早已办妥，手机号码第二天就会作废。我的手机已不会再奏响来电铃声，也不会再小幅振动了。用了十年的号码终将属于他人。若继续留在日本，本该与它相伴终身……都怪自己远走他乡，手机才被生生剥夺了天命。我深感内疚，同时在心中慰劳这位同甘共苦多年的好拍档。

朋友们的祝福短信纷至沓来，可惜是时候关机了。没有及时回复的那些短信究竟会去往何方？我又将何去何从？我还能踏上日本的土地吗？大家会不会把我忘了？焦虑与孤寂涌上心头。

我把手指放在电源键上，梳理思绪。下定决心斩断对日本的眷恋和焦虑，将力量注入指尖。手机就此黑屏，变成了一块平平无奇的金属板，再也回不到裤子左边口袋的老地方了。

即便就此一去不归，朋友们也定会热热闹闹地送我最后一程，嚷嚷着"为梦想献身，也算是死得其所了"。

飞机无情地起飞，断了我的回头路。只得抖擞精神，端着空乘给的啤酒看电影，来一场单人酒宴。出发前又是搬家，又是做各种准备，忙得不可开交，都想不起上一次优哉游哉喝着啤酒看电影是什么时候了。毛里塔尼亚是禁止喝酒的伊斯兰国家，没法再随心所欲地喝啤酒了。塞进行李箱的啤酒可得省着点喝（当时还无从得知那些啤酒会惨遭没收）。我心想这酒是喝一口少一口了，往肚子里灌了一罐又一罐。片刻后，机舱调暗了灯光，乘客悄然入眠。我也借着醉意坠入暗夜的梦乡。

热血男儿的修罗之战，就此拉开序幕。

第四章

干旱的背刺

期待8月甘霖

撒哈拉沙漠有明显的旱雨季之分。虽说是雨季，不过只有短短数日的降雨，但雨势极其猛烈，可谓是倾盆而下，几乎要将大地砸出坑来，处处水漫金山。黏土地区一下雨，地面就会跟水田一般泥泞无比，导致汽车无法通行，生出无数陆上孤岛。这种短期密集型降雨会冲走营养丰富的表层土壤，是造成土地贫瘠的原因之一。

每年仅有数场的雨，却能将大地从沉睡中唤醒。一眨眼的工夫便是满目翠绿，直叫人惊叹哪来的种子。毛里塔尼亚一般在每年7月和8月迎来雨季，其他时候几乎滴水不落。在我来毛里塔尼亚的前一年，大雨持续的时间比往年略长，以至于本该早早枯萎的植物都多活了好一阵子，到了4月和5月都有蝗虫出没。

每逢雨季将至的7月，气温都会进一步上升，大地也会迎来干燥的顶点。蝗虫能吃的植物几乎都枯死了，开上 500 千米都见不到它们的踪影。本该提前养一些用于实验的蝗虫备用，可等我回过神来的时候，它们早已销声匿迹了。

野外调查也是有成本的。随便乱跑无异于挥霍军费，真到了该去调查的时候却因为资金短缺动弹不得，那才是愚蠢透顶。所幸首战告捷，不必心急。还是忍住想与蝗虫相会的急切心情，寄希望于即将到来的甘霖为好。再说饲养蝗虫的笼子还没做好，筹措草料的路子也还没打通，有的是准备工作要做。

研究所职员每年都要休一个月左右的长假（congé）。蒂贾尼也跟我提了，说是想利用假期探望平时与他分居的大夫人和孩子们。先前考虑到蒂贾尼有可能脱离战线，我本想再雇个助手。如此一来，就算其中一个无法工作，另一个也能及时顶上，大大减轻我的负担。蒂贾尼却夸下海口说"我不休息"，阻止我雇另一个人，继续领两人份的工资。谁知他出尔反尔，跑来跟我请假了。天天工作本就是不现实的，而且蒂贾尼经常以"肚子疼""要去政府部门办事"之类的理由请假。但像他这么机灵的人实在难得，我也很依赖他，一拖再拖，就疏忽了找备用助手的事情。

提供舒心愉快的工作环境是雇主的职责，所以我决定给出一套折中方案。要是蒂贾尼在蝗虫爆发的"旺季"请假，那麻烦就大了。经过商议，我们达成一致，"只在没有蝗虫的时候休长假"。眼下刚好是蝗虫大爆发之前，不碍事。于是蒂贾尼立即跳上出租车，找他的老婆孩子去了。

蒂贾尼不在的时候，有另外一位司机陪我上街采购，倒也没什么不方便。就在这时，巴巴所长通知我：沙漠深处下了大雨。植物会在雨后迅速发芽，我也很好奇寻求食物的蝗虫会如何聚集起来。

为了高效管控毛里塔尼亚全境的蝗虫，研究所在各地都设有分部，下雨的区域也不例外。分部负责人名叫塞·卡马拉。我联系了他，安排了一次野外调查。此人会说英语，又精通蝗虫的生态，我必须想尽办法把这位关键人物拉进我的蝗虫研究小队。

绿色地毯

几天前的沙漠还是一片棕黄，此刻却盖上了绿色的地毯。我们开了一路都没找着蝗虫，好不容易才遇上一只成虫。我正要将它拿下，司机西迪纳却一把夺走了捕虫网，说"让我试试"。人人都爱抓蝗虫，每次都要爆发一场夺网大战。我却是既感激又为难，因为这样就享受不到捉虫的乐趣了。

关于蝗虫的抓法有若干个流派。我习惯举起网兜，悄悄接近，进入射程了再果断一挥。当地人则喜欢绕到蝗虫身后，把网兜举在齐腰处左右摆动，蹑手蹑脚，缓步靠近。照理说网兜这么摆来摆去肯定很惹眼，容易惊动蝗虫，但当地人说这样成功率更高，因为蝗虫会被动个不停的网分散注意力，察觉不到有人逼近。

若是一击不中，蝗虫便会更加戒备，稍一靠近就会逃之夭夭，因此第一次接触至关重要。可惜西迪纳没能把握住机会。为了一雪前耻，他追着蝗虫到处跑，气喘吁吁却锲而不舍，终

挥着捕虫网逼近蝗虫的西迪纳

于抓住了那只蝗虫，得意扬扬地交给了我。虽然只找到一只，但至少可以确定沙漠里是有蝗虫的，我们因此大受鼓舞。数量少点也不打紧，放手抓个痛快吧！

谁知满腔热情扑了空。我们四处求索，却不见蝗虫的影子。大雨刚过去没几天，许是去得太早了些。

于是一星期后，我们再次深入沙漠，可还是没发现蝗虫。这回我们扩大了搜索范围，去了放养山羊的草原、种植高粱的农田和椰枣园，却连一只蝗虫都没见着。分散在毛里塔尼亚各地的调查小队也没有发现蝗虫。接连两次扑空，让我惴惴不安起来。不是说一下雨就有蝗虫了吗，这是怎么回事？

就在我忐忑不安时，焕然一新的蒂贾尼度假归来。

绿洲幻灭

"才走了三米，就见着了五只蝗虫！"（40 岁 / 研究所职员）

蒂贾尼一大早便捎来了去南边出任务的职员带回来的最新蝗虫情报。终于等到了！只要自己养一批蝗虫，哪怕蝗虫在野外绝迹，也能做些研究。这样的好机会岂能错过，必须紧急出动。我做好了长期抗战的准备，食物、燃料和装备都能坚持一个星期。在接到消息的两个小时后，我们的车就一头冲进了沙漠。

我早已对出行前的准备环节做了些许调整。车里时刻备有全套的露营装备，以便随时出发。只需视情况补充食物、水和汽油即可。

照理说露营装备的租借手续需要在每次出任务前办理，可办理的过程总是非常坎坷，不是我要用的东西被人借走了，就是负责人不在，没有仓库的钥匙。于是我就找巴巴所长开了个后门，破例长期租用了一整套装备。

随行人员也精简到了司机蒂贾尼一人。人越多，协调起来就越麻烦，所以我改走少数精锐路线，视情况加人就是了。

之前的几次调查集中在毛里塔尼亚的西北部。但这一次，我决定按照职员提供的情报南下。南边说不定有蝗虫……我们怀着期许，挺进沙漠。

在 GPS 的指引下，我们以最快的速度穿越草原与沙丘，赶往职员目击了蝗虫的地点。沙漠里素来风大，处处尘土飞扬，

平时一片棕黄的大地铺上了绿色的地毯

树荫下的骆驼

视野中一片朦胧，跟雾霾天似的。今天却是个罕见的大晴天，碧空如洗。我顿感神清气爽，心情雀跃。我们以超过 100 千米的时速猛穿过无路可循的荒野，沿途看见了好几头在树荫下休息的骆驼。

　　开着开着，草原正中央忽然出现一片茂密的树林。凑近一瞧，才知这番陌生的景象就是大名鼎鼎的绿洲。都说绿洲是沙漠之友，我早就想见识见识了。不愧是沙漠中的休息站，几个牵着骆驼的旅客已经在里头歇下了，我们便也下车修整片刻。旅客们很快就和蒂贾尼打成了一片，还请我们喝了茶。树荫下凉爽宜人，微风习习。躲着太阳，远眺草原……在这样的环境下享用的茶水自是别有一番滋味。

在树荫下与游牧民小坐片刻。蒂贾尼见了谁都能立刻和他们打成一片

毛里塔尼亚人的茶是用中国茶煮出来的，加了大量的糖，快煮沸的时候还要加点薄荷增添风味，最后倒在子弹杯似的小杯子里喝。大热天喝热茶，居然还挺爽快。本以为加了那么多糖会越喝越渴，所幸茶叶煮得够透，涩味鲜明，回味无穷，应该有助于舒缓被沙尘呛得发痒的喉咙。

　　当地人的习惯是一壶茶喝三轮。一人一杯满上，再加水煮下一轮。所以一旦喝起来，半个小时就没了。能在绿洲里小坐一会儿是多么奢侈啊。山羊的叫声从远处传来，将周围衬托得分外宁静，搞得我差点忘了自己还有任务在身。有恩必报是蝗虫研究小队的铁律。我们用香蕉回报了骆驼之外的每位旅客。短暂休整后，我决定先在绿洲探索一番。

绿洲臭气熏天，叫人反胃

丝般顺滑的金色沙滩环绕着清澈翠绿的池塘，岸边的椰子树随风摇曳，穿着比基尼的美女嬉戏打闹……这大概就是日本人心目中的绿洲吧，清清爽爽，干干净净。

可惜现实中的绿洲与之相去甚远。池水污浊发黑，环绕着棕色的泥浆，岸边尽是来喝水的动物留下的脚印和粪便，简直臭气熏天。衣着单薄的妹子在这种地方吵吵嚷嚷，那必然是在举行某种仪式，不赶紧闪人怕是会被诅咒。可悲的现实摆在眼前——令人蹙眉的水坑，才是绿洲的真面目。

我抖擞精神，在绿洲周边探索了一番，发现无数小虫嗡嗡作响，飞来飞去。凑近一瞧，原来是豆芫菁（*Epicauta gorhami*）的成虫。这种昆虫在成虫阶段专吃豆科植物的叶子，幼虫却长在地下，以蝗虫卵为食。在农学领域，豆芫菁的成虫算害虫，幼虫却算益虫，还挺复杂的。

值得注意的是，这种虫子含有危险的毒素——成虫体内有

豆芫菁

杀伤力颇高的"斑蝥素"（Cantharidin）。日本也有豆芫菁，相传古时候的忍者在执行暗杀任务的时候，用的就是由它提炼而成的毒药。

绿洲有大量的豆芫菁，这意味着附近有大量的蝗虫卵。遇到蝗虫的希望又多了几分。

这么一歇，蒂贾尼和我都感到身心焕然一新。我们跟旅客们道了声"Shukran"（阿拉伯语：谢谢），便继续赶路去了。

又开了一阵子，只见30多头骆驼正在路边歇息。今天真是个适合拍照的好日子。我让蒂贾尼停了车，想好好拍一拍这恬静的沙漠风光，谁知骆驼们齐齐站了起来，慢慢向我们走来。

骆驼的脖子还挺长的

巨驼来袭

"千万不能招惹骆驼。体形最大的那只是驼群的首领，说不定能一脚踹死你呢。"

这是蒂贾尼叮嘱过我的"沙漠注意事项"。骆驼乍看温顺，但个头大的足有两米多高，着实令人生畏。本以为只有领头的那只强势出击，没想到骆驼们格外团结，都朝我们这儿来了。这车不会被它们压瘪吧……我顿时心惊胆寒，让蒂贾尼赶紧开车，他却笑着说"别担心"。原来骆驼们只是想来讨口吃的。旱季的沙漠没草可吃，饲主都是从车上取饲料来喂的，所以骆驼一见到车就以为有东西吃了，这才凑了过来。徒步接近坐着的骆驼，它们会急忙站起来跑开，坐在车里反而能把骆驼引来。这段经历让我收获了一个小知识：坐在车里给骆驼拍照效果更佳。

我们继续赶路。开到半路，忽有不明飞行物穿过车前。是蝗虫！有蝗虫！我们急忙停车，兵分两路探索起来。

在蝗虫数量稀少、密度很低的地方，我们只能先走来走去，把蝗虫吓得飞起来，再一通穷追猛打。这种策略建立在运气和体力之上。我很快就抓到了一只，疑似是刚逃跑的个体。果然是沙漠蝗虫的雄性成虫。

我四处走动，感觉蝗虫还是少得可怜。走了好一阵子，总算又找到了一只。直接拿下也不是不行，不过难得碰上个大晴天，还是先拍张纪念照吧。蝗虫胆子很小，动不动就逃，必须悄悄靠近。取景器中的蝗虫那叫一个英气勃勃，跟蓝天般配极

沙漠蝗虫的散居型成虫。走了五千米却只发现这么一根独苗苗，怕是交配对象都难找

了，天底下没有一种生物比得上！天空就是专为蝗虫存在的背景板吧！我再一次拜倒在蝗虫的石榴裙下。

蒂贾尼也抓到了一只。我们怀着十足的把握，朝蝗虫的老巢进发。

假消息害死人

又往前走了一段，只见视野中出现了一口破旧的井。探头一看，里头还真有水。那是专为牲畜打造的饮水站。我注意到井口有密密麻麻的小黑疙瘩，原来是一群拟步甲。这种虫子形似不长角的独角仙，和拇指的第一关节一般大。它跟"步甲"都不是一个科的，却被无可奈何地扣上了"拟步甲"这个名字。

拟步甲在日本并不出名，却是沙漠的代表昆虫之一，有独

埋头苦干的拟步甲情侣

门取水绝招。生活在纳米布沙漠里的一种拟步甲就有"沐雾虫"的雅号，因为它们喝水的方法非常独特。每逢起雾的日子，它们就会抬起臀部，身体前倾，于是附着在身上的水滴就会流到前面的嘴里。这种昆虫很有意思，懂得在干燥的沙漠中利用身体给自己补水。

插句题外话：有些昆虫被人扣上了"伪××""拟××"这般令人寒心的名字。拟步甲便是其中之一。

走着走着，我们来到了毗邻目的地的一座小村子。

村子靠近绿洲，绿意盎然，散养着许多家畜。恰好有 20 多个村民聚在一起闲聊，蒂贾尼便出面搜集了一些蝗虫快报。当地人是宝贵的消息源。他们告诉蒂贾尼，离村子 20 千米远的地方有蝗虫。

我们决定先去原定的目的地看看。蝗虫乐园近在咫尺……

GPS 叫了起来，告诉我们车辆已到达目的地。周边的景致与之前并无不同，但这里肯定有蝗虫。我怀着这份信念四处寻找，可走了足足两千米才抓到一只。

难道……我们赶了足足 300 千米的路……怎么会这样……蒂贾尼也是一头雾水。不是说"走三米就能见着五只"吗？蝗虫呢！我实在走累了，便坐车到处转悠了一下，可还是不见蝗虫的踪影。

"岂有此理，肯定是那家伙谎报军情！"蒂贾尼义愤填膺。不等我将怒火的矛头转向他，他就先朝提供消息的职员开炮了，可真够机灵的。

"算了，蒂贾尼，停车吧。这里没有蝗虫。"

"要找蝗虫的话，就往那边走。"——游牧民为我们指明方向

我们坦然接受残酷的现实，并肩远眺西斜的红日。那一天，我痛感沙漠的日落是那样动人。

眼看着太阳快落山了，我们决定原地扎营。野营百无禁忌，最是省心。想睡在哪里，哪里便是现成的床铺。今晚就在沙丘上登记入住吧。

黑影迫近

今晚的酒店景致绝佳。草原一望无际，直至地平线的彼方。卧室无限宽敞，可以尽情放松身心。反正天气好得很，我决定不搭帐篷，直接把行军床架在沙丘上，感受原原本本的大自然。

独占夕阳的沙漠蝗虫

两个汉子结伴出行，自在又惬意。

谁知太阳完全落山后，我才认识到帐篷的重要性。炊事员蒂贾尼烹制起了晚餐要吃的意面，结果一开灯照明，便有无数虫子争相扑锅。哦……要是当初搭了帐篷，就能避免这意料之外的"混炖"了。乱吃来路不明的沙漠昆虫是很危险的，豆芫菁就是最好的例子。无奈之下，蒂贾尼只得摸黑做饭。

日本人和毛里塔尼亚人的煮面策略可谓大相径庭。日本人注重面条的嚼劲，追求所谓的"弹牙感"（al dente，留下头发丝那么细的面芯不煮透），算准了靠余热把面芯焖透的时间。毛里塔尼亚人却不在乎这些，一煮就是 30 分钟，煮到面条柔软酥烂，全无嚼劲。哪怕在城里下馆子，当地人往往也是先用刀把意面切碎，然后用勺子舀着吃。

光看我的描述，大家也许会觉得"好好的意面，怎么能这么糟蹋呢"。但是按毛里塔尼亚人的法子煮出来的面更容易入口，也好消化。最关键的是，只需要一丁点干面就能填饱肚子。上学的时候我也经常故意把杯面放坨，等面条膨胀到 1.5 倍的体积了再吃，所以全然不觉得别扭。

我打灯照了照蒂贾尼，只见他已被黑色的小疙瘩团团围住。原来是之前在井边看见的拟步甲。它们正在享用蒂贾尼随地乱扔的蔬菜残渣。哪怕有人凑过去，它们也不跑，可以仔细观察一番。天一黑，它们就开始活动了，看来是夜行性的。避开炎热的白天，待到深夜比较凉爽的时候再四处游荡，寻找食物。想当年我年轻的时候，也常在深夜的霓虹灯下游走……正追忆往昔时，我们的晚宴也拉开了序幕。

用西红柿罐头、混合蔬菜、金枪鱼和洋葱熬制酱汁，浇在意面上吃。这种组合怎么可能难吃呢？我何尝不想光盘，奈何蒂贾尼做得太多，根本吃不完。于是我们便将晚宴的形式改成了自助餐，想吃多少拿多少。

先用装在冷藏箱里带来的冰镇可乐干杯。

蒂贾尼一出手就是一大锅

前："还说什么'走三米就能见着五只'呢，忙活一天都没见着几只！"

蒂："也许蝗虫飞到别的地方去了，可我们在他目击了蝗虫的第二天就赶来了，这么一通找都找不到，肯定是他的问题。都怪他太蠢了！早知道就该先问问跟他一起去的人，确认一下消息的准确性。"

向我提供了假消息这件事，似乎让蒂贾尼很是过意不去。他使出浑身解数，拼命把责任推给那个谎报军情的职员。（后来我们找到与那人同去的职员问了问，对方表示并没有见到蝗虫。假消息害人不浅啊！）

美餐一顿后，饥饿的拟步甲仍在附近徘徊，数量好像也比刚才多了。我好奇它们吃不吃意面，便把没吃完的放在了地上。眼看着拟步甲一拥而上，大快朵颐。瞧这饿虎扑食的架势，肯定是饿坏了……看得我都心疼了。

通过观察，我发现拟步甲吃上不到20分钟就饱了。填饱了肚子的拟步甲东倒西歪着没入黑暗，显然都吃撑了。还有些虫子在离意面几十厘米远的地方微微抽动，稍事休息，想必是吃够了好几天的分量。拟步甲饱餐后的举止像极了人，勾起了我难以言喻的亲切感。

我忍不住要逗一逗它们（小男孩招惹可爱的小女孩也是出于同样的心理），便在意面旁边挖了个陷阱。被食物的香味引来的拟步甲们一个接一个掉了进去。采集沿地面爬行的昆虫时，挖陷阱是常用的方法之一，不过亲眼看到这么多虫子掉进去还挺新鲜的。挖都挖了，干脆挖个拟步甲爬不出来的陷阱好了。于是，我用铲子挖了个40厘米见方的大坑，扔了点意面进去，想看看能抓到多少。拜某人所赐，我们暴走了一整天，实在累

一片漆黑的陷阱

拟步甲的脚印

得很，便早早歇下了。

第二天早上探头一看，陷阱里已是一片漆黑，别无他物。我还挖了一个没放意面的坑用于对照，果然是门可罗雀。看来拟步甲是被食物的气味引来的。可真没想到没浇酱汁的意面都能有这么大的魅力，这些沙漠生物到底是有多饿啊？我不由得担心起了它们的饮食。眼看着数百只拟步甲在陷阱中蠢动……我决定把它们统统装进桶里带回去，说不定能派上什么用场。

行军床周围的沙子上尽是拟步甲的脚印。它们是碰巧在床铺周边寻找吃食，还是把我的体味当成了食物的香味，就这么被引了过来？我只想被蝗虫啃，拟步甲就免了吧。今后也千万别对我动口啊。

高价收购"大酬宾"

第二天，阴云低垂。由于原定的目的地不见蝗虫的踪影，我们按昨晚村民提供的线索，赶往 20 千米开外的另一个地方。走到半路，我们又找牵着山羊的游牧民打听了一下。他们也说在那个方向看到了蝗虫。希望就此重燃。

我们一路寻去，却愣是没遇到一只蝗虫。中途停了几次车，四处搜寻。本以为找不到成虫，好歹能找到几只若虫，最后却是两手空空。绕着目的地跑了几圈，映入眼帘的也只有潜伏在树根、裂缝和地洞里的拟步甲。看来它们有白天藏起来的习性。

对研究拟步甲的人来说，这里无异于天堂，可惜我要找的是蝗虫。找了这么久还找不到，足以得出"这里没有沙漠蝗虫"的结论。

可空着手回研究所也太丢人了。哪怕人家给的是假消息，聪明人也会随机应变，想办法搞到猎物。经过一番纠结，我决定将采集目标改成另一种蝗虫。

前些天，我在研究所后面的田里采集到了毒蝗虫[1]。许多沙漠植物是有毒的，以防止动物啃食。但这种毒蝗虫专吃有毒植物，还能将源自植物的毒素存储在体内。遭遇攻击时，它们会从腹部两侧的毒腺分泌泡沫状的毒液，击退敌人。还记得来时路过的一个村子，路边长着很多有毒植物。我便打算在回去的时候稍作停靠，抓些毒蝗虫。

1　作者并没有给出这种蝗虫的学名。

毒蝗虫。体侧会分泌泡沫状毒液，气味闻着还挺上瘾的，我并不排斥

折断毒树的树枝，就会有浑浊的白色汁液溢出

我跟蒂贾尼在目的地走了20多分钟，好不容易才抓到两只。毒蝗虫不是没有，但这么抓效率太低了。就在这时，孩子们的嬉闹声传来。只见大概20个孩子正在前几天大雨形成的水塘里游泳。都说渔民打不到鱼的时候也会买鱼吃，那我也可以收购毒蝗虫呀！说干就干，我决定搞一场高价收购毒蝗虫的大酬宾活动。

我让蒂贾尼告诉孩子们，我有意收购毒蝗虫，单价100乌吉亚（35日元）。孩子们顿时就没了玩水的心思，一眨眼都没影了。按日本人的金钱观，100乌吉亚就跟300日元差不多。

如果小时候碰上这样的美差，我肯定也会埋头找毒蝗虫的。本以为能抓到 10 只就该谢天谢地了，殊不知，是我低估了沙漠子民的潜力……

只见一个小家伙单手抓着毒蝗虫冲了过来。

"啊？这就抓到了？好快啊……给，这是说好的报酬。"

他肯定非常幸运。希望他能用这笔外快买点零食吃吃……就在我心头一暖时，小家伙们一个接一个带着毒蝗虫回来了。100 乌吉亚的纸币很快用完了，只剩大面额的纸币了，周围又没有能换零钱的商店，我便想找个领头的，统一付给他，让他回头分给大伙儿。只怪我想得太简单了——

孩子们蜂拥而至，局面已是一发不可收拾。我中途调整策略，开始在笔记本上记录孩子们的名字和抓到的数量，结果在引入这套制度之前抓来毒蝗虫的几个孩子不乐意了，嚷嚷着让我们赶紧给钱。我让孩子们跟蒂贾尼汇报自己抓到了几只，谁知小家伙们精明极了，明明只抓了 1 只，却谎称抓了 10 只，末了连没抓到的都开始瞎说自己抓到了。眼看着围住蒂贾尼的孩子越来越多，搞得他都手忙脚乱了。

而且情况在持续恶化。孩子们为争夺毒蝗虫大打出手，我们不得不介入调停。100 乌吉亚蕴藏着足以让人疯狂的价值，我就不该开这么高的价。等待着弱者的唯有败北。一个大孩子当着我的面抢走了小朋友的毒蝗虫，笑嘻嘻地将赃物倒卖给我。沙漠已成人间炼狱。

"怎么能抢人家的毒蝗虫呢！"

我教育了大孩子，摸了摸小朋友的脑袋,把毒蝗虫还给了他。

“以后小心点。拿着它去找蒂贾尼吧。”

“嗯！谢谢大哥哥！”

小朋友破涕为笑，使劲捏住手中的毒蝗虫，生怕再被人抢了。别啊啊啊啊啊——露出手掌的毒蝗虫早已瘫软无力。我遥望远方，不知所措。我欠他们和它们一句对不起。

小家伙们继续围着我，扯着我的衣服。我反复解释统计完了就会统一付钱的，奈何他们充耳不闻。不服气的孩子打了我一拳。这下可好，其他孩子也是有样学样，对我拳打脚踢起来。虽然不疼，但打人总归是不好的。我假装发火，举起拳头吓唬他们：“谁打的！！是你吗？！”见孩子们面露惧色，我才回过神来。糟糕，暴力只会催生出更多的暴力。我与孩子们定下了“不

扒车要钱的孩子们

许打人"的君子之约，可惜局面已经完全失控了。如果一开始就给出一套有序的交易方式，就不至于乱成这样了……

财富滋生纷争，纷争催生悲剧。我仿佛瞥见了"战争无法从世间消失"的缩影。

再这么下去可怎么得了。我只得请年纪最大的孩子（约莫20岁）帮忙统计，谁知连他都开始谎报抓到的毒蝗虫的数量了。没一个靠谱的！根据统计表，我已经有110只蝗虫了，可手头的毒蝗虫显然不到这个数。

我抬头看天，告诉自己"人世间总有无可奈何"。"走吧"——我如此吩咐一筹莫展的蒂贾尼，决定一走了之。我们挑了两个诚实的孩子当负责人，多给了一些报酬，让他们分发下去，收拾残局。

好不容易逃进车里，车却被孩子们围了起来。他们齐声喊着"成龙！"，连连拍打车窗。在东非待过一阵子的前辈高野俊一郎博士（现为九州大学助教）告诉我，李小龙在非洲是家喻户晓的大明星，模仿他的动作能博得满堂喝彩。不过看这架势，西非怕是更偏爱成龙，于是我学着成龙的样子，尝试突围。

我在车座上耍起了20厘米长的手刀，展示出锋利无比的样子。小家伙们大概是头一次看到"正宗"的功夫表演（其实我也没练过功夫，但有空手道"准"初段），反响极其热烈，每个人都欣喜若狂。

就在孩子们连连高呼"成龙"的时候，蒂贾尼趁其不备，成功脱逃。希望那两个负责人能公平分配那些报酬，我是真不想管了！

吃一堑长一智。以后要提前备好大量的小额纸钞，一手交钱一手交货，这样才能确保交易顺利进行。一回到招待所，我就清点了毒蝗虫的数目，发现只有区区53只。110只是怎么算出来的啊！这回真是被小家伙们坑惨了。而且大多数毒蝗虫都被捏坏了，躺着一动不动，奄奄一息。

我确实说了"抓来毒蝗虫的孩子有奖"，却没有强调"只要活的"。怪自己太想当然，认定孩子们肯定会带活的回来。人在他乡，必须准确表达自己的意图。出了国门，我的"寻常"终究不过是"例外"而已。

虽然避免了颗粒无收的窘境，但样本数终究不太够，怕是没法用毒蝗虫做实验了。怎么把这些毒蝗虫充分利用起来呢？我灵光一闪：让饲养员用毒蝗虫练手好了。在饲养和研究昆虫的过程中，维持样本的状态尤为关键。饲料的品质与分量等外部条件要尽可能保持不变，这样才能观察到实验操作的影响。

说来容易做来难。每个细节都疏忽不得，还需运用各种技术，给予无微不至的照料。要是我有朝一日需要饲养大量的蝗虫，一个人肯定是忙不过来的，得找人搭把手。必须趁早培养出蝗虫研究小队的专属饲养员。

"我想养着这些毒蝗虫，需要雇人帮忙，你有合适的人选吗？月薪大概3万乌吉亚吧。"

研究所司机的月薪也是3万乌吉亚左右，但饲养员每天只需工作一个小时，性价比相当高。蒂贾尼主动请缨，说他来养。我告诉他，养蝗虫是件苦差事，容不得妥协，也不可以偷懒，可他还是坚持要做。他的热情打动了我。我决定给他加3万工资,让他就任饲养员一职。从今往后,他每天都要给毒蝗虫喂食,打扫笼舍。至于他能否胜任,还有待进一步观察。

既然找不到沙漠蝗虫,那就只能退而求其次,把宝押在毒蝗虫上了。奈何手头的毒蝗虫还是太少,不够蒂贾尼练手,于是我们决定再去抓一些。

二战沙漠

为了采集更多毒蝗虫,我们决定杀回沙漠,顺便测试一下酝酿已久的秘密武器的威力。

其实我一直在研究"灯光诱捕"蝗虫的可行性。灯光诱捕是一种常用的昆虫采集方法,说白了就是利用"飞蛾扑火"的原理,在夜里对着白色床单打光,捕捉被光亮引来的飞虫。因为要用到发电机和大型照明设备,这算是进阶版昆虫采集法。我找城里的裁缝定制了一条宽四米、长两米的白床单,又采购了几盏看着还不错的灯。之前在沙漠中尝试灯光诱捕时,蒂贾尼劝阻道:

"浩太郎,快把灯关了!在一片漆黑的沙漠里开灯,就等于是在跟恐怖分子宣告'我们在这儿啊'!"

我吓得赶紧关灯。

原来在漆黑的沙漠里,再微弱的光亮也能传到远处,引来坏人。灯光诱捕的不是虫子,而是恐怖分子,这也太吓人了。沙漠里最可怕的动物莫过于人。好不容易凑齐了装备却没法用,那岂不是白忙活了?我只得找巴巴所长出主意。他让我去找散布于沙漠中的"沙漠警局"。警局附近一般不会有恐怖分子出没，倒是可以一试。

这次的任务需要壮汉助阵，于是我挖来了平时在研究所当仓库保管员的肌肉男穆罕默德，带上他和蒂贾尼杀回了老地方。床单需要用绳子系在树上，四角绷紧。可去到实地才知道，在没有树的平地上，还得备几根用来系床单的棍子。不实际尝试一下，难免会有考虑不到的盲点。

就在我们三个热热闹闹地系着床单的时候，一位大叔开车路过，过来搭了把手。大叔一看就是有钱人，他说自己在前头的草原度假，盛情邀请我们去吃山羊。我答应他明天登"门"拜访，继续埋头苦干。

待太阳落山，我们启动了发电机，开灯招虫。发电机的轰鸣声打破了撒哈拉的寂静，白床单妖异地浮现于晦暗的夜空。

碰巧路过的大叔帮忙系床单

效果不错嘛！说不定能引来散布在各处的沙漠蝗虫！我自是另有图谋，但这次姑且先试试水吧。

在蒂贾尼和穆罕默德做晚餐的时候，我拿着啤酒端坐在诱捕器前，鉴赏接连飞来的虫子。能不能招来蝗虫啊？沙漠里都有什么样的虫子呢？

我的担心似乎是多余

的，只见各路昆虫纷至沓来。除了蝇类和蜂类，还有个头更大的蚰蜒、绿底白点的螳螂，可谓盛况空前。

眼看着放在地上以低角度照射床单的灯冒出烟来，香味扑鼻，肯定是扑进灯里的虫子被烤死了。这灯可真够烫的啊……不等我感叹完，便是一声突如其来的脆响。"砰！"才开了30分钟的灯应声爆炸。好你个赔钱货！

话说在研究所测试设备的时候，那灯也冒过烟，怕不是专门用来吓唬人的。同款的另一盏灯也开始冒烟了，我只得拔掉插头。只剩了一盏日光灯，亮度大跳水。

下一步是查看提前挖好的坑洞。太阳落山前，我吩咐穆罕默德挖了一批洞，用作陷阱。只见第一个洞里有只我从没见过

吸引虫子的白床单

的大家伙。用手头的铲子捞起来放进桶里一瞧，竟是以危险闻名的生物——蝎子。突如其来的危险气息点醒了我。必须和小伙伴们团结一致，否则就没法活着离开这里了。我连忙警告队友。

前："大事不妙！有危险动物！大家小心点！"

我边说边展示那只蝎子。

蒂："哦，蝎子。知道了——"

本以为蒂贾尼会火速拔营，谁知他异常淡定，一点都不紧张。穆罕默德就更夸张了，一直光着脚走来走去。明知这地方有蝎子，却连袜子都懒得穿。我听巴巴所长说过，毛里塔尼亚有两种蝎子，一种有毒，一种没毒。他俩如此淡定，看来是没

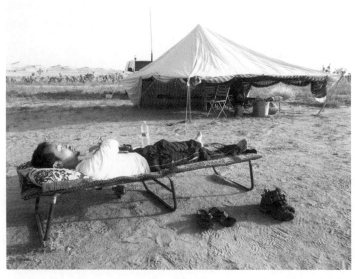

野外调查得睡行军床。睡相不好容易被蝎子蜇

有蝎子！黑白相间的那只叫"多米诺步甲"（Anthia duodecimguttata），在日本售价 4000 日元

毒的那种。如果被蜇了也没有大碍，就是痛一阵子而已，那确实没必要提心吊胆，还是继续调查吧。

晚餐是经典的茄汁意面。我们端着盘子坐在诱捕器前，一边打量被引来的虫子，一边享受晚宴。虽然没见着我要的沙漠蝗虫，但好歹来了另外几种蝗虫。既然有蝗虫落网，那就说明不是灯光诱捕对沙漠蝗虫不起作用，而是这一带本就没有沙漠蝗虫。见诱捕器引来了其他蝗虫，我心里就有底了。通过这次试运行，我还发现了几处有待改进的地方，下次再试试改良版吧。

今晚露营的时候可不能粗心大意。万一脚伸出了行军床，或是毯子耷拉在地上，蝎子就有可能爬上来。于是我在床上罩了个穿顶式蚊帐，筑起铜墙铁壁。

蒂贾尼他们却是有床不睡，偏要睡在地垫上。蒂贾尼平时也是睡行军床的，莫非他这次跟穆罕默德较起了劲，想比比谁的胆子更大？我保持冷静，坠入梦乡。

朝雾中

清晨五点半起床。谢蝎子不蜇之恩。我正要穿上袜子去散步，却发现袜子湿答答的，穿着很不舒服。遭殃的不光是袜子，周围的所有东西都裹着一层水。明明没下雨，怎么搞的？

望向湿度计，只见读数都超过 90% 了。倒不是仪器坏了，而是湿度真的很高。早上的气温本来就低，湿度一高就起了雾。平时干爽丝滑的沙丘也变得湿漉漉的，草木都挂着水珠，拟步甲喝得正欢。随着太阳逐渐升起，沙漠会再次回归干燥。我一直都很好奇沙漠里的生物是如何获取水分的，这下总算明白了。原来沙漠中有这般转瞬即逝的"绿洲"。

除了测试灯光诱捕设备，本次调查还有一个目的：捕捉拟步甲。前一天挖的坑洞已是"甲"满为患。捞完洞里的拟步甲，还得把洞填上。万一害得别人失足掉下去就不好了。

忙着忙着，我忽然发现沙地上有许多小洞，其中一个还在往外吐沙子。细细一看，原来"罪魁祸首"是蝎子宝宝。蝎子确实凶恶，但它们小时候也很可爱。我看得出了神，好一阵子没动，躲在其他洞里的小蝎子们便也齐齐复工，继续挖洞。蝎子再小，该有毒的还是有毒。我看着地上无数的小洞，想起了

一动不动的蝎子宝宝，跟小指的指甲一般大

巴巴所长传授的沙漠小知识：

"在沙漠里最忌讳把手指随便插进洞里，因为有毒的生物经常潜伏在洞中。"

待到红日高挂时，炙热的阳光便会无声肆虐。蝎子们也想赶在那之前藏进洞里避暑吧。

这次的沙丘上也布满了拟步甲的脚印，其中还有一道陌生的 S 形痕迹。蒂贾尼告诉我，那是蛇留下的。蛇呢？我们循着沙子上的痕迹追去。天知道它往哪里去了，姑且跟着痕迹找找看吧。走了 50 来米，痕迹还没到头。它到底要去哪儿啊？找到最后，我们发现痕迹的终点竟是离帐篷只有几米远的一株植物根部的洞。也不知道它是从这儿出来的，还是从别处爬了过来。

后来，我跟巴巴所长聊起了这件事。他告诉我：

"沙漠里的蛇常在深夜四处游荡，寻找水源。在床边放水

富叔叔用山羊奶招待我们。他手中的碗是喝奶专用的传统木器，但用来制作这种木器的树正在急剧减少

特别招蛇。睡觉的时候，一定要把水放在远离床铺的地方。另外，最好把床摆在沙丘的顶端。蛇经常潜伏在草木周边，睡在那种地方很容易被咬。"

又是个救命的知识。

我们收拾好东西踏上归途，顺路去拜访了前一天帮忙架设诱捕装置的大叔。我们没打听他具体住哪儿，但白色的帐篷在沙漠里格外显眼，隔着五千米都能看见。只见地平线的另一头搭着三顶雪白的大帐篷，贵气扑面而来。凑近一瞧，帐篷边上停着两辆"陆地巡洋舰"，还养着 20 只山羊和 3 头骆驼，看来是个大户人家。

见我们来了，大叔端来一个传统木碗，里面倒满了刚挤的山羊奶。"嗯——très bien（棒极了）！"蒂贾尼大口大口喝了起来，都把我看傻了。一眨眼的工夫，木碗就见了底。毛里塔尼亚人都是一见奶就挪不开步子。

大叔本想宰头山羊设宴款待，但我们婉言谢绝了，毕竟还得赶路呢。

第二场高价收购"大酬宾"

不瞒你说，我这回还布下了另一个"大号陷阱"。我们在来时路过一个小村子，给小家伙们布置了一个任务。没错，第二场毒蝗虫高价收购大酬宾活动即将火热开幕。

考虑到上次收购时暴露的问题，我对活动策略做了些许调整。

- 换好大量 100 乌吉亚纸币备用
- 收购价格减半（开价太高容易勾起贪欲，叫人发狂，所以调整成了更合理的价格）
- 只收活的
- 提前发放用来装毒蝗虫的塑料袋，并让孩子们放点毒蝗虫能吃的东西进去

这样既能有效节省等待时间，又能以低廉的成本获取大量毒蝗虫活体。小家伙们也能怀着平和的心态赚点零花钱，皆大欢喜。

可我还是太天真了。准备到这个地步还远远不够——

回到村子一看，小家伙们早已恭候多时，场面一片混乱。孩子们争先恐后，尖叫着敲打我们的车，还爬上了车后的货架。末了还有人扔起了石子，冲突不断升级。不尽快搞定，怕是要闹出人命。恍惚之间，我不由得想，一群孩子都能闹成这样，成年人的暴动该有多吓人啊……

由于事态紧急，我们只得以最快的速度完成收购，都顾不上检查毒蝗虫是不是还活着了。小家伙们还真是挺能找的，这

刚到村子，孩子们就拿着蝗虫冲了上来

次收到了足足 120 只毒蝗虫，比上次还多。感激不尽！周边村子的孩子们也听到了风声，纷纷将毒蝗虫装在牛奶盒和塑料瓶里送了过来。一拿到报酬，孩子们便会恢复正常，露出可爱的笑容。见局势渐渐稳定下来，我组织大家拍了一张纪念胜利的大合照。第二场高价收购大酬宾活动着实战果喜人。

　　我们立即赶回研究所，怀着雀跃的心情将毒蝗虫转移到饲养笼中。总算有样本做实验了……嗯？咦？怎么回事？许多毒蝗虫几乎一动不动，毫无生气！难道是存放条件太恶劣了？天哪……我的……我的毒蝗虫都……这次的收购价是便宜了一半，可幸存的毒蝗虫比上次还少，平摊下来的单价还是很高。

　　对不起啊，毒蝗虫。毒蝗虫啊，对不起。都怪我愚蠢透顶，

帮忙抓蝗虫的孩子们。毛里塔尼亚男孩里找不出几个小胖墩，个个身材苗条

好吃懒做，想用钱来解决问题。我远眺天际的流云，忏悔自己造下的罪孽。救命稻草毒蝗虫也指望不上了。人倒霉的时候，喝口水都塞牙。

屋漏偏逢连夜雨。为研究蝗虫做的另一项准备工作也以失败告终——

铁笼报废

早在两个月前，我就请研究所的专属工匠吉布力帮忙打造了四个巨型饲养笼备用，以便随时穿上绿色的衣服让蝗虫啃。笼子的长宽均为 4 米，高 1.8 米，装下一个人绰绰有余。

蝗虫的大颚强而有力，足以咬断塑料网，所以笼子必须用金属打造。成本高就不用说了，打造起来更是费时费力。我心想等蝗虫爆发了再打笼子就来不及了，于是提前准备了起来。

　　谁知这批精心打造的笼子竟出了问题。

　　完工不过数日，银色的铁丝网就变成了褐色，还出现了许多小破口。情况是一天糟过一天。笼门明明关着，却有鸽子钻了进去。只怪部分铁丝网剥落，这才让鸽子趁虚而入。

　　一眨眼，三个月过去了。昨天我跑去一看，顿时瞠目结舌。铁丝网已被严重腐蚀，不成原样。四个笼子都报废了？！铁丝网都烂了，一片片掉在了地上。怎么会这样……

　　原来是海风干的好事。毛里塔尼亚的首都努瓦克肖特是一

坐在腐朽殆尽的笼子（30万日元）跟前尽情发呆，一筹莫展

座海滨城市。可海岸离研究所有 30 分钟的车程，所以我也没当回事。没想到随风飘来的盐竟有如此威力……本以为已经做好了万全的准备，找到了毛里塔尼亚品质最好的铁丝网，谁知三个月一过就成了这副样子……实验都还没来得及做呢……劳务费和材料费加起来足有 30 万日元，都是我自掏腰包。本想把它做成招牌项目的……

实验还没做，笼子就报废了。本想把蝗虫放进笼子，密切观察它们的行为，再被它们啃上一啃。不久之前，我还畅想着即将到手的数据图表，窃窃自喜。然而，一切都成了无法实现的奢望。我欲哭无泪，枯坐在面目全非的笼子跟前，望着它们呆若木鸡。

忽然，我灵光一闪：对了！反正框架还在，换掉铁丝网就行了啊！考虑到以后可能需要增设笼子，我提前采购了大量的铁丝网。冲去放资材的地方一看，却发现吉布力把铁丝网放在了户外。这下可好，全都被海风腐蚀了。而且部分铁丝网被放在了车道上，早就被轧得没法用了。

我找巴巴所长大倒苦水。他告诉我：

"这块地是当年建研究所大楼的时候填出来的，用于填海的土本就含有盐分，再加上海风，铁就更容易生锈了。对不起啊，浩太郎，我们也没有在这里用过铁笼子，不知道会出这种事。希望下一次能一切顺利，因沙拉（Inshallah）。"

言外之意，"愿真主赐你好运"。

这片土地堪比《风之谷》的"腐海"。种不出蔬菜也是因为土壤含盐过多。看来我是华丽丽地白忙活了一场。铁丝网都快被腐蚀光了，笼子的框架却还屹立不倒。

对啊……我可是乌鲁德，岂能被这种小挫折吓倒？军费不是还有剩的吗！我得咬紧牙关，帮那些壮志未酬的笼子出一口恶气啊！

幸运女神已经彻底抛弃了我。找不到蝗虫，笼子也坏了。我表现得很坚强，但心中难免生出了对蝗虫的嫌恶，这还是出娘胎以来头一遭。是沙漠蝗虫先背叛我的！死蝗虫，见鬼去吧！

移情别恋

对我这个博士后而言，"没有蝗虫"是生死攸关的大问题。不做出成绩（即发表论文），便是死路一条。我知道竞争对手们都在稳步积累业绩。这年头，有许多年轻的博士为自己开设了网站，在上面发布研究成果，进行自我宣传。偶尔去视察一下敌情，便会发现人家发表的论文变多了，上的还是一流的科研期刊……大家都是这样相互激励，切磋琢磨的。

目前我手头还有来毛里塔尼亚后采集的数据，可以在此基础上写论文。奈何观察到蝗虫的次数屈指可数，要不了多久便会弹尽粮绝。万一蝗虫一直都不现身，我就写不了论文了，前途一片漆黑。做实验也需要一定的时间，必须在素材用完之前想好对策。

我的研究对象是野生蝗虫，所以除了写在研究计划里的，我还准备了许多套涉及若虫、成虫的进食行为、交配行为等方面的实验方案，以便随机应变地开展研究。然而，大自然还是远超预料，竟让我遇上了"没有蝗虫"的情况，真是糟透了。都说毛里塔尼亚蝗灾频发，可我却连蝗虫都见不到，大老远跑来非洲究竟是为哪般啊？此时不手足无措，更待何时啊！

失去了蝗虫，我才痛感自己是多么依赖它们。没了蝗虫，还能剩下什么？还有作为科研工作者的魅力吗？没有蝗虫的我是何等无力，简直跟折翼的天使一样窝囊。

无法推进研究，就意味着在求职大战中败下阵来。就像武士为无法葬身战场而遗憾，因为没法研究蝗虫从社会上慢慢消失的我也同样叫人同情。

要冷静下来，重新审视自己。没时间长吁短叹。为了不被对手甩在身后，我必须迈出新的一步。回归原点，梳理思绪……

我当初是因为崇敬法布尔才走上了研究昆虫的道路。那么法布尔是一位怎样的昆虫学家呢？除了最具代表性的蜣螂，他还研究过各种各样的虫子。我则是在上学的时候碰巧研究起了蝗虫，在这条路上越走越远。都没体验过研究其他昆虫的乐趣，就吊死在了蝗虫这一棵树上，那未免也太可惜了吧？了解其他昆虫，也能让我加倍投入对蝗虫的研究。

优秀的科研工作者少不了长年累月的积累与磨炼。我的脑子本就不太好使，全速运转都研究不出个所以然来，这样的脑子生了锈可怎么得了。事已至此，唯有一计：干脆去研究别的虫子好了。实不相瞒，还真有一种昆虫引起了我的注意。

既然蝗虫离家出走了，那就跟拟步甲调调情吧。之前抓到的大批拟步甲都养在有顶棚的车库里。我对拟步甲一无所知，不会受限于先入为主的想法，可以通过研究它们审视自己的研究能力。能不能写出一篇像样的论文呢？这倒是个测试研究水平的好机会。

片刻前还垂头丧气，可一旦有了明确的目标，心情顿时就轻松多了。这条路恐怕也不好走。我能在拟步甲身上找到什么新发现呢？

雌雄纠葛

毕竟初识不久，还是先想办法增进了解吧。我把养在外面的部分拟步甲挪到了自己的房间，与它们同吃同住。

同居的日子久了，便渐渐品出了拟步甲的魅力。我从没在日本的学术研讨会上听到过关于拟步甲的研究成果，所以对它们全无成见，可以做自己真正想做的研究，而不受传闻的影响。样本之多更令人心动。样本数是左右实验效率的关键。随便挖个坑，就能抓到数以千计的拟步甲，这可是莫大的优势。而且它们不挑食，既吃蔬菜，也吃死虫子。

不仅如此，它们还不怕人，凑近观察不费吹灰之力。多亏了这一特性，我很快就注意到，拟步甲总是白天窝着不动，到了晚上才四处走动，是典型的夜行性生物。一般来说，动物在四处寻找食物时更容易被天敌发现，遭到袭击。所以在生物学上，"何时活动"是一个极其重要的问题。那就先研究一下拟步甲的活动时间段吧。

先明确性别，再进行实验，这是研究昆虫的基本规则。因为雌性个体和雄性个体的活动时间段与地点可能有所不同，混在一起就无法准确归纳出活动模式了。幼虫[1]也就罢了，成虫是要交配的，所以行为上往往有显著的性别差异。这次要研究的拟步甲都是成虫，区分雌雄这一步是绕不过去的。可……该怎么分啊！我竟被这个最基础的问题给难住了。

雄性独角仙有角，一眼就能看出来，奈何拟步甲长得雌雄难辨。我斗胆拆散了一对正在交配的情侣，做了解剖，发现一方有卵巢，一方有精巢，确实有雌雄之分。然而，单看体形、色泽和形态，实在是无法分辨。也不是不能先记录活动模式，再解剖个体明确性别，可这样太费时了，我也不想多造杀孽。就没有更简便易行，不至于伤到它们的辨别方法吗？我能否克服这道难关呢？检验研究水平的时刻终于到来——

随心所欲

拟步甲的饲料是意面、猫粮和蔬菜残渣。不是我赏它们一口剩菜，而是它们吃剩下的归我。其实我这人更偏爱米饭，但为了迁就他们，我都吃了好一阵子意面了。最近煮了太多意面，一不小心就会吃撑。若不加快研究速度，就要吃成胖子了。是新发现来得快，还是肥肉长得快？好一场与时间的赛跑。

拟步甲饿着肚子的时候会四处走动，可吃饱了就不走了，

1　幼虫（larva）是完全变态类昆虫在化蛹前的幼体，若虫（nymph）是不完全变态类昆虫的幼体，稚虫（naiad）也是不完全变态类昆虫的幼体，但不同的是，稚虫是水栖的，用鳃呼吸。日常交流时通常会以"幼虫"泛指所有类型的昆虫的幼期虫态，不会严格区分。此处作者也是泛泛而谈，故译成"幼虫"。

留在原地犯懒。眼看着一些拟步甲因为吃得太撑，腿脚抽搐个不停，我不由得担心起来。抓起来一看，平时缩在肚子里的生殖器居然从腹部顶端突出来了一点点。生殖器是用来交配的，其形状有性别差异。可惜了，要是再多突出来一点，就能分辨雌雄了……

我又仔细观察了一番，发现这只吃饱了的拟步甲是头尾都往外突。像按自动笔那样，用手指轻轻按它的头，下面的生殖器就完全露出来了！这只是雄性的。用同样的方法按了按其他吃饱喝足的拟步甲，便看到了雌性的生殖器。妙啊！拟步甲有放开肚子吃到撑的习性，被食物撑大的内脏会把生殖器和头顶出来。只要利用这股子"馋劲"，就可以在不杀死它们的情况下辨明雌雄。这种法子可是闻所未闻啊！

我立即在 400 只拟步甲身上测试了这种方法，成功率直逼100%。原来手头的拟步甲有 90% 是雌性，真叫人眼红。论文素材有了！我已然尝到了拈花惹草的甜头。

关键证据

- 拟步甲吃不了没煮过的干面，吃不撑就无法分辨雌雄。
- 喂拟步甲吃煮熟的白米也可以辨别雌雄。

我以最快的速度做了这两方面的实验，筹备论文。

做研究的人不会一凑齐实验数据就立即动笔写论文。如果研究的生物有季节性，做研究时便会有淡旺季之分。"旺季"拼命采集数据，"淡季"则专心写论文。我不清楚拟步甲的寿命，

对拟步甲友好的雌雄辨别法

必须尽快推进实验。回头再写关于雌雄辨别法的论文好了，先启动下一阶段的实验，服务初始目标：研究拟步甲的活动模式。

听完汇报，巴巴所长哈哈大笑，还夸了我一通：

"大老远跑来毛里塔尼亚，却没见着几只蝗虫，我还以为你会垂头丧气呢，没想到这么快就整理出了写论文的素材。日本人果然厉害啊，明明来自高科技国家，却用意面找到了新发现。其实拟步甲也是我们很重视的一种昆虫。杀灭蝗虫靠的是杀虫剂，而喷洒过杀虫剂之后，我们需要根据拟步甲的数量来评估环境的污染程度。拟步甲是个很好的研究对象，因为它们跟蝗虫密切相关。你是个真真正正的科学家！哈哈……"

前人的论文提到，拟步甲因翅膀退化无法飞行，移动范围有限，所以是评估环境污染的绝佳指标。以前的研究都是以目测、设置陷阱之类的方法测算拟步甲的数量，却忽略了一项重要的因素——"调查时间"。

拟步甲有昼行性的，也有夜行性的。白天调查夜行性的拟步甲，自是难觅踪影。不将时间因素考虑在内，就有可能误以为"这里没有拟步甲"，进而认定当地发生了严重的环境污染。换句话说，要想精准测算拟步甲的数量，就得先搞清楚栖息在当地的拟步甲的活动时间和活动模式。研究的必要性也找到了，我顿时就有了动力。

我查阅了既往文献，却没有发现一篇与"蝗灾受害国的拟步甲的活动时间"有关的论文。同居和实地观察的经验告诉我，拟步甲会在夜里突然现身，四处走动，天亮了又会悄然消失。科研工作者要用数据说话，于是我决定设计一套实验，以验证

"这边的拟步甲是夜行性的"这一假设。

红外线计数器是测定昆虫活动量的常用装置。

将研究对象放入中央有一道激光穿过的容器，计数器就会自动记录虫子挡住激光的次数。次数越多，就意味着虫子越活跃。如此测定自然精确，可惜这种设备比较特殊，一套几乎要100万日元。毛里塔尼亚本就没得买，我这样的穷光蛋也买不起。好不容易走到这一步，却在实验装置上碰了壁。亟须解决的新问题摆在了我的面前。

自己动手，丰衣足食

科研工作者常会自行设计并制作实验装置。但处理特殊的装置与设备需要充足的知识和高超的技艺，拥有这方面技能的人就是所谓的"技术员"（technician）。在美国，"技术员"是一个专业岗位。考验"技术员前野"的时候到了。我必须开发出一套物美价廉、简便易用、准备起来也不费事的活动记录装置。

首先要物色合适的容器。我想让拟步甲们住上单间，以便分别观察，要是能找到尺寸刚刚好的塑料容器就好了。面向外国人的高端超市倒是有卖正合我意的食品保鲜盒，可惜3个要700日元，穷博士哪里下得去手啊。日本有百元店，可毛里塔尼亚的塑料制品全靠进口，价格偏贵。我在各种商店转了又转，寻觅容易买到又便宜的替代品，却愣是找不到合适的容器。在日本做研究的时候，只要找器材供应商订一批就能解决问题，可惜毛里塔尼亚没这个条件。

除了经典款，毛里塔尼亚的商店几乎不会补货。想着"回头再买"，就会错失良机，抱憾终身，看中了就得立马下手。实验期间最好使用同一种容器，所以我不得不二选一：要么一次性买一大批备用；要么选随时都能买到的，看情况补货。

事已至此，就别纠结什么卖相了，只要能发挥出"容器"的作用就行。我吃着晚点的午餐，跟蒂贾尼讨论对策。今天的午餐是外带的蔬菜炖鱼饭（thieboudienne）。这是我最爱吃的一种盖饭，做法是用番茄酱炖煮鱼和蔬菜（包括卷心菜、茄子、白萝卜、胡萝卜、南瓜、洋葱等），浇在加了辣椒和油的鲜红米饭上。

吃完饭，便只剩下了长方形的一次性塑料餐盘。我把自己

蔬菜炖鱼饭。餐盘可用作观察容器

量产观察装置的蒂贾尼。他将订书机用得出神入化，钉钉子的位置精准无比，叫人啧啧称奇

的餐盘和蒂贾尼的叠在一起，正要扔掉，灵感从天而降。把两个餐盘面对面固定在一起，就是个大小正合适的容器啊！

"蒂贾尼！这种盘子有地方卖吗？"

"到处都有呀。啊？用它当容器？博士你可真是个天才！这种盘子便宜得很，毛里塔尼亚人也爱用，随时随地都能买到！"

由于手头的盘子满是油污，我立刻让蒂贾尼买了些新的回来。面对面一扣，用订书机固定边缘，"顶板"上再挖个便于观察的洞，足以困住拟步甲的观察容器就大功告成了。

下一个要解决的问题是"如何记录拟步甲的活动"。

追踪脚印

我早已酝酿好了记录拟步甲活动情况的妙计。野外调查的时候，我看到了布满沙丘的拟步甲脚印。那幅景象带来了灵感：以留在沙子上的脚印为线索，就能确定它们的活动时间。行走沙漠时，人们可以根据脚印推测出周边有哪些动物出没。所以我们只需要在观察容器里铺一层细沙，放一只拟步甲进去就行了。虫子稍一走动，就会留下脚印。需要重置的时候，就拿起容器轻晃几下，如此一来沙子上的脚印便会消失，可再次投入使用。而且沙子不要钱啊！我从沙漠里挖了好多回来，以备不时之需。

下一步是为拟步甲打造舒适的"床榻"。拟步甲白天喜欢躲在暗处（好比洞穴），所以需要为它们提供一处可以安心歇息的小窝。

观察生物的行为时，需要尽可能统一饲养容器的规格。像在野外时那样在沙子上打洞实在是费时费力，参数不好统一，容器也不够大。当务之急，是为拟步甲们找个合适的"洞"。

寻寻觅觅

我们走街串巷，物色合适的"洞"。可惜混凝土管太大了，没法用。不过我相中了斜靠在某家店门口的 PVC 水管。把水管切成若干段，不就成了尺寸刚好的洞穴吗？我决定先买一批各种粗细的管子，切成不一样的长度，看看拟步甲愿不愿意钻进去睡午觉，以此选定批量采购的规格。

蒂贾尼的朋友开的杂货店

　　蒂贾尼的人脉很广，经常带我去他朋友开的店买东西。一方面是想让朋友多赚点钱，另一方面也是怕我在别处被宰。

　　"小哥，你买这么多管子是要当水管工吗？"

　　"不不不，就是家里的厕所坏了。每次临时买太麻烦了，就干脆多买点屯着。"（其实是为了虫子买的，可我哪里解释得清啊。）

　　我的口语当然还到不了这个水平，但购物气氛还是非常亲切友好的。

　　试验品完工后，我立即放了只拟步甲进去。只见它一头钻进管子，窝在里面不出来了，看来是满意极了。于是我便向蝗虫研究小队的蒂贾尼厂长下达了"批量生产水管虫窝"的指令。一套装置（容器、水管、订书钉和沙子）的总成本才50日元，

买管一时爽，运管火葬场

那叫一个便宜。

下一步是"定期记录拟步甲的活动时间"。让那些插电的自动记录仪器见鬼去吧。只要我本人化身"人肉记录器"，人工观察拟步甲是①正在动（直接观察拟步甲）、②动过（观察脚印），还是③不动（没有脚印），胜过机器又有何难。再说了，大多数机器本就是人类为了偷懒才发明的（也许这只是我的偏见）。只要肯吃苦，人肉记录器便是所向披靡，万一碰上停电这样的意外情况也不怕。

在户外开展这项实验有着重要的意义。如前所述，现代的昆虫实验通常在室内进行。室内实验的优势在于气象条件（温度、湿度、日照时间等）可以人为控制，能保证实验在稳定的条件下高效推进，但实验室很难完美再现撒哈拉沙漠的气象条件（好比风雨和高达 30 摄氏度的昼夜温差）。而这项实验的目的是了解拟步甲在自然环境下的活动时间，所以在户外进行观察才是上佳之选。

这是我第一次做户外实验，不过准备工作如此充分，怎么可能出问题呢！

神秘失踪

我在招待所前面的停车场借了一块空地，将一批行为观察装置摆在地上，每盒各放一只拟步甲。预实验准备就绪——做实验的时候，一般要先做小规模的"预实验"试试水，改进种种问题，再进行大规模的"正式实验"。如果没有及时注意到问题的存在，上来就做正式实验，搞不好会栽大跟头，白白浪费精力，糟蹋了好不容易采集到的样本。细致缜密的预实验正是实验圆满成功的关键。

动物在觅食和物色配偶时最为活跃。据我推测，野外的拟步甲四处活动也是为了寻找食物，所以在本次实验中只使用饿了三天以上的雌性个体，确保样本处于饥饿状态。像这样在实验前调整样本的生理状态也很重要。

早上五点起床，将拟步甲放进整齐排列好的行为观察装置（曾经的一次性餐盘）。三个小时后，大部分拟步甲都躲进了水管。正如在野外观察到的那样，它们白天一直藏身于洞穴之中，天黑以后才钻出来积极活动，半夜里也爬个不停。见预实验的

逼近拟步甲的神秘生物留下的脚印

效果不错，我便安安心心地睡下了。

谁知天亮后一看，许多拟步甲竟神秘失踪了，只留下一地的脚印。预实验宣告失败。想必是拟步甲在夜里特别活跃，逃出了容器。既然发现了实验装置的问题，那就得想办法解决。我请厂长在容器的盖子上加一道类似"防鼠板"的机关，以免拟步甲脱逃，然后再次开展预实验。谁知第二天还是有大批样本莫名失踪。

怪了……设计明明很完美啊。难道是有人眼红我的成功，故意干扰实验？要不问问研究所的保安，"你们有没有偷我的拟步甲"？可谁稀罕那种虫子啊。唔……在诡谲的失踪事件背后，肯定有什么不为人知的隐情。

可疑分子

一夜过去，我在容器里发现了一只被啃得不成样子的拟步甲。证据确凿，看来虫子们是遇袭了。罪犯有没有留下什么线索呢？勘验现场后，我们在容器周围的地面上发现了疑似小动物的脚印。小动物当然都是可爱的，但我不容许任何人干扰实验。必须将其捉拿归案，狠狠教训一番。

犯罪时间十有八九是晚上，必须趁今晚一举拿下。胜利总是建立在牺牲之上，只能委屈拟步甲当诱饵引出罪犯了。我们埋伏在一旁，每小时巡逻一次。罪魁祸首迟迟不现身，困意却排山倒海而来。好你个恶贼，可把我害苦了……怒气涌上心头。

第三次巡逻时，灯光扫到了一坨来路不明的尖刺。嗯？刺？哪儿来的刺？万万没想到，偷虫贼竟是刺猬。居然在家门口发现了野生的刺猬，惊得我目瞪口呆。看见比自己大好多的动物突然逼近，罪犯也难掩慌乱。只见它蜷成一团，试图以铜墙铁壁一般的防守渡过难关。

我也不知道该怎么处理这只刺猬，只得姑且装进容器带回招待所，撂在走廊上。躲进房间，透过门缝细细打量，只见刺猬畏畏缩缩地动了，伸出与体形极不匹配的小细腿跑了起来。

"好萌啊！"

本想一脚踩扁偷虫贼，却被这小家伙萌得忘记了心头的愤

"你在干吗呢？"没好气地跟不速之客打招呼

怒。可要是放它出去，拟步甲怕是又要遭殃了，于是我决定和刺猬同居一段时间（看来我这人就喜欢拉着别人同居）。

通过预实验，我意识到自己犯了一个大错，忘记了"天敌"的存在。既然拟步甲是夜行性的，以它为食的刺猬肯定也是夜行性的。这个小插曲让我切身感受到了大自然的严苛，对"吃与被吃"的关系有了深刻的理解。作为一个在温室里长大的人，这样的体验分外新鲜。

本以为逮住了天敌就能启动正式实验了，奈何大自然总是超出我的预想——

由恨生爱

这下总能成功了吧？第二天，我们仔细布置了预实验，想着再演练最后一遍，谁知又来了一只刺猬。等待着它的也是同居之刑。不做到这份儿上，就无法战胜自然。

我们在行为观察装置周围筑起路障，确保天敌无法入侵。终于能在不折损拟步甲的前提下启动正式实验了。两个小时观察一次，苦熬三天，终于采集到了大量的活动数据，足以证实"拟步甲为夜行性昆虫"。

那两只刺猬则被安置在我房间前面那条四米长的走廊里。它们白天躲在纸板箱做的窝里，天黑了才出来觅食。机会难得，

萌萌的小可爱

我决定给它们起个名字。前野家每一代男孩的名字里都带个"郎"字，我便当它们都是男孩子，给一只起名叫"刺郎"（取自"刺猬"），另一只叫"勇郎"（取自家父的名字"勇一郎"）。机缘巧合，让我们的蝗虫研究小队多了两只可爱的宠物。

刚开始我还拿做完实验的拟步甲喂它们，可拟步甲也不是取之不尽用之不竭的啊。于是我试着喂了些买给拟步甲吃的猫粮，发现哥俩吃得还挺香。刚住进招待所的时候，它们都不敢靠近我，但饿极了肯定就顾不上那么多了。狠下心饿了它们一天，它们就肯吃我亲手喂的东西了，看来是意识到了我的安全性。小家伙们真是聪明伶俐，能屈能伸。何不教它们几招？

喂狗之前吹吹口哨、拍拍手，狗就会形成条件反射，知

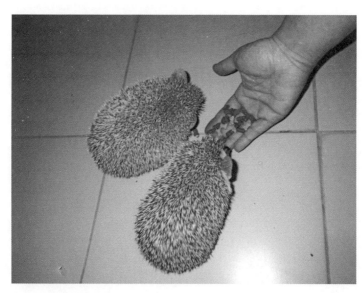

被日渐驯服的野生动物

道"这种刺激是即将被投喂的信号"。那刺猬能识别怎样的刺激呢?

我在招待所都穿凉拖。干脆每次喂食前都在地上蹭两下,弄出点声响来吧。约莫一周过后,刺郎一听到凉拖的声音就会跟着我要吃的,多聪明啊!也是,正因为刺猬的学习能力强,才会天天跑来招待所偷吃拟步甲。

双方的距离不断拉近,刺猬们甚至养成了"肚子一饿就扒拉房门"的习惯。

"浩太郎的拟步甲被贡布(刺猬)吃了。"

蒂贾尼在研究所里一通宣传,以至于谁见了我都是哈哈大笑。没想到预实验的失败还能博大家一笑呢。

来我屋里玩耍的刺郎

不过话说回来，大自然果然充满了惊奇。通过对拟步甲的观察，我痛感在野外会发生很多在实验室里无法预料的事情。

我跟巴巴所长汇报了这一系列的事件。听完之后，他出了一道题，让我深刻认识到了什么叫"大自然的真面目"。

巴："请听题！五只小鸟停在电线上。猎人的枪里有三颗子弹。请问他能打下几只鸟？"

前："当然是三只！"

巴："Non（错啦）！正确答案是一只。枪一响，别的鸟就都被吓跑啦。浩太郎啊，你要记住，这就是大自然。自然是不能用简单粗暴的数学去诠释的，不亲身体验，就不可能理解。懂得自然的科研工作者是很有优势的，你今后也得在野外调查方面再接再厉啊，哈哈……"

前："所长！您说得太好了！"

许多年轻的科研工作者（包括以前的我）都在办公室里忙忙碌碌，成天对着电脑做研究。在不了解自然的情况下研究生物学是何等危险，以后一定要多加小心。刺郎它们定是来自沙漠的使者。它们提醒了我，要正视自然，深入自然。

后来，我对拟步甲做了进一步的研究，对自身的研究能力也有了些把握。蝗虫以外的昆虫，我也研究得了。

只不过……研究拟步甲确实有趣，可围绕蝗虫的研究才更有意义，影响也更大。我本想将这次培养出来的应变能力运用在对蝗虫的研究上，谁知事态在不知不觉中日趋恶化……

干旱的威胁

2011 年，毛里塔尼亚遭遇了攸关国家存亡的危机——天气干旱，滴雨不降。众人异口同声地感叹，这么久不下雨还是开天辟地头一遭。焦虑渐成恐惧。这是毛里塔尼亚独立以来遭遇的最严重的干旱。由于迟迟没有降雨，家畜吃的植物长不出来，这对游牧民来说是致命的打击。吃不到叶子，山羊就会啃植物的根。可植物若是没了根，就无法吸收养分，只有死路一条。放牧也是助长沙漠化的一大因素。

干旱的影响表现在了生活的方方面面。部分地区的居民苦于粮食短缺和营养不良。雪上加霜的是，邻国马里爆发了武装冲突，大批难民拥入毛里塔尼亚，经常能在街头看到穿马里民族服饰的人。

将援助物资运送到局势不稳定的边境地区绝非易事。蒂贾尼说："与马里接壤的其他国家都在边境部署了警卫，不许难民入境，只有毛里塔尼亚在接收难民。"

毛里塔尼亚正遭受着干旱的折磨，却为外国难民设置了营地，敞开怀抱接纳了他们。我问巴巴所长，为什么毛里塔尼亚肯为难民做到这个地步。他告诉我：

"伸出援手帮助有困难的人，绝不见死不救，这是我们毛里塔尼亚的文化。有资源的人帮没资源的人是理所当然的。"

不管自己有多困难，都要帮一帮比自己更困难的人，哪怕为此自我牺牲也在所不惜。这种舍己为人的精神刻在了毛里塔尼亚人的基因里。为了在恶劣的沙漠中走出一条活路，他们选择了携手互助，而非你争我夺。想必是这种民族特性，让毛里塔尼亚人在撒哈拉沙漠这般恶劣的环境下站稳了脚跟。可要是再不下雨，毛里塔尼亚和难民怕是都撑不了多久，只能祈祷事态尽快好转了。对我而言，这场大干旱也是生死攸关的大问题。

爱侣销声匿迹

当时我的处境也非常艰难。我只能在毛里塔尼亚待两年。能否成为昆虫学家，找到一份稳定的工作，全看这两年里研究出来的成果。奈何人算不如天算，偏偏撞上了难得一遇的大干旱。毛里塔尼亚全国上下都不见蝗虫的踪影。大老远跑来非洲是为哪般啊？没记错的话，我应该是来观察野生蝗虫的啊。怎一个惨字了得。在忍饥挨饿的灾民看来，蝗虫算得了什么。可我把下半辈子押在了蝗虫上，找不到蝗虫就要流落街头了。

尽管烦恼因人而异，但大家都在为这场大干旱头疼。唯独蝗虫死里逃生，捡回了一条小命——

闹蝗灾的地方流传着这样一个说法：外国研究小队一来，蝗虫的爆发便会戛然而止。

1987 年和 1988 年，史无前例的大蝗灾给非洲各国造成了严重的灾难。德国认为事态紧迫，便组建了大型研究项目组，并向毛里塔尼亚派出了研究小队。谁知蝗灾迅速平息，研究小队好不容易来了一趟，却没能遇上大规模的蝗群，唯有时间无情地流逝。

到头来，研究小队只得空手离开毛里塔尼亚。不难想象，公众肯定对那些空手而归的科研工作者们颇有怨言。

谁知到了第二年，毛里塔尼亚又闹了蝗灾。

"蝗灾爆发是小概率事件，资助科研人员研究蝗虫也出不了成果。"

赢回失去的信赖谈何容易。耗费了巨额资金，却没能做出重大成果的科研工作者失去了政府的支持和信任。德国的科研工作者甚至无法一睹蝗虫铺天盖地的景象，痛失了难能可贵的研究机会。

蝗虫最大的天敌是科研工作者，因为他们能揭露蝗虫不为人知的弱点。要想继续为非作歹，蝗虫就得避开科研工作者，否则弱点分分钟就暴露了。换句话说，蝗虫肯定是被我吓得躲起来了。我不过是一介博士后，却像当年那个预算高达数亿日元的大项目组一样，把"天谴"吓得销声匿迹了。蝗虫们肯定也想遍地开花，称霸沙漠。是我先走，还是蝗虫先爆发？我和蝗虫就这样悄悄比起了耐心。

若就此退缩，就会步德国同人的后尘。眼前是一场漫长而艰苦的持久战，而我应当利用这段时间提升自己的专业水平，筹措研究经费，为日后的决战做好充分的准备。唯有克服困难，掌握蝗虫的弱点，才能开辟出一条通往昆虫学家的康庄大道（找到工作），让非洲人民免受饥饿之苦。我毅然决定，勇往直前，绝不回头。殊不知，脚下是一条通往地狱的荆棘之路……

第五章

在圣地苦苦挣扎

险些命丧撒哈拉

时光飞逝,我在非洲迎来了新的一年。煮了点从日本带来的干荞麦面,炸了大虾天妇罗,做成一碗辞旧迎新的荞麦面。来毛里塔尼亚时还特意带了杯装红豆汤,用以增添年味。为了牢记自己是个日本人,我总是积极参与各种节庆活动。不用担心寄贺年卡的事,倒也悠然自得。

有位朋友要结婚了,亲友团的干事托我拍一段惊喜视频。机会难得,当然得拍出点异国情调来,于是我便杀去了离研究所最近的沙丘。

冒着猛烈的风沙摘下墨镜露出脸,在灼热的阳光下眯着眼睛,拍了一条又一条,好歹是拍完了。回房剪片子时,前所未有的头痛和寒意汹涌而来。由于严重的头痛和乏力感,我一躺就是整整三天。来毛里塔尼亚之前,我打了总价 17 万日元的

拍摄花絮。在沙尘和滚烫的沙丘上放飞自我，一回去就发了三天烧，只得卧床休息

疫苗，应该没得什么危险的传染病，可身体总也不见好。在日本从没经历过这样的症状，焦虑与日俱增。手头的药吃了也不起效。"强制遣返"四字掠过脑海。怎么没多带点药来呢？壮志未酬，我可不想被遣返回国啊……

　　只怪来毛里塔尼亚后我一直都很健康，疏忽了医疗方面的准备工作。我不会说法语，上医院也描述不了病情，更不知该去哪家医院才好。开朗的蒂贾尼来探病时，教了个没什么用的土办法。

　　前："我 maladie（病）了，今天只能躺着。"

　　蒂："发烧的时候涂点做菜用的油在脑门上就好啦。"

我回了一句不走心的"Merci"。

太难受了。我咨询了日本驻毛里塔尼亚大使馆的医官，生怕拖出大问题。医官帮忙看了看，开了点药给我。药下肚的第二天，症状就以肉眼可见的速度好转了。谢天谢地谢医生。

这个故事告诉我们，健康是多么可贵啊！在外国疗伤治病特别费钱，太不方便了。万一在毛里塔尼亚受了重伤，包机回国要足足2000万日元呢。我买了保险，倒是不必担心破产，但平时多注意点总归是没错的。可得牢牢抓住失而复得的健康。日本的狐朋狗友盼着我染上怪病，好让他们开开眼界，没想到差点就遂了他们的愿。新郎新娘怕是做梦都没想到，拍一段视频竟让我遭了这么多罪。

在冬日的沙漠中垂头丧气

沙漠也迎来了冬天。本以为毛里塔尼亚一年到头都很热，没想到冬夜冷得能冻死人。某天晚上，我甚至做了个怪梦，梦见自己请餐馆老板娘"把那锅温热的奶油炖菜浇在我身上"。想必是在睡梦中冻坏了，想要暖和暖和的深层心理需求体现得淋漓尽致。

沙漠里的气温变化着实耐人寻味。白天仍有30摄氏度以上，穿短袖短裤正好，可太阳一落山，气温就会迅速下降。换长袖长裤就不用说了，还得用毯子裹住身体，否则根本坚持不住（我不知道房里的空调有制暖功能，白抖了好一阵子）。清晨的气温更是直逼10摄氏度。温度变化如此剧烈，身体哪里

跟得上。除了昼夜温差，还有季节的影响，变化之猛烈叫人叹
为观止。蒂贾尼告诉我，"毛里塔尼亚人家里没有供暖设备。
天一冷，医院里就会人满为患。要是下了雪，就会死很多人"。
肯定是因为他们太适应酷暑了，对寒冷全无抵抗力。

　　一般来说，昆虫在炎热的季节更为常见。即便是冬天，白
天的沙漠也和日本的夏天一样热，但虫子明显少了。拟步甲也
全军覆没，大概是寿命到了。相好们离我而去，只觉得日子都
没了盼头。

　　千里迢迢跑来非洲，却只能做些案头工作，这让我很是郁
闷（愣是没想到可以利用这个空当学学法语）。科研工作者的
心理是非常幼稚的，稍不留神就会精神崩溃。

　　眼看着从日本带来的吃食越来越少，我心里是越发没底了。
为了节省时间和金钱，我平时都自己做饭，视面味露[1]为灵魂伴
侣。面味露是一种万能调料，什么菜配上它都是满满的日本风
味。炒饭快出锅的时候，我也会加两滴提香。这么宝贵的调料
当然得省着点用。我借鉴了《乌龙派出所》[2]（集英社）的主角
阿两的省钱小妙招——往炒饭里掺白米饭，养成了"就着半份
炒饭吃白米饭"的习惯。炖菜是万万做不得的，因为会消耗大
量的面味露。周末能喝上一口掺了热水的面味露便是莫大的奢侈。

　　不得不说，靠天吃饭的行当真是太不稳定了。"收成"不
好就会丢掉饭碗。不，只怪我低估了大自然的不确定性。还没

1　日本家庭必备调味料之一，以酱油、糖、日本酒等原料制成，带有鲣鱼、海
　　带或香菇的风味，可用于冲调各类面条的汤汁。
2　日本漫画家秋本治创作的漫画作品，主角为混混警察两津勘吉。

丢掉小命就该谢天谢地了。不过话又说回来，蝗虫才是导致我闲成这样的罪魁祸首。蝗虫啊，你怎么就不见了呢？此时此刻，我本该被蝗虫的分身（海量的数据）环绕，过上幸福快乐的优雅生活，现实却是囊中羞涩，两手空空。就没有什么东西能让激情重燃吗？

近期的主要任务，就是分析来毛里塔尼亚后第一次去野外调查时采集到的那么一丁点数据，将结果总结成一篇论文。我跟访问过研究所的法国科研工作者西里尔一直都有联系，这次也通过邮件托他帮忙统计分析。他知道我处境艰难，邀我去法国散散心。这个提议很是诱人，反正毛里塔尼亚近期没有蝗虫，正好可以去其他研究所瞧瞧。可万一蝗虫趁机爆发了呢？那就太悲哀了。

我找巴巴所长打听了一下蝗虫出现的规律。他说往年都是过了9月才有蝗虫，至于会不会大爆发，取决于8月的降雨量。现在才1月，我可以放心大胆地出远门。后续论文也需要西里尔的技术支持。靠别人不是长久之计，我也想趁此机会学点统计技能。

西里尔是统计分析方面的专家，与我年纪相仿（就比我大一岁）。在今后的很长一段时间里，我们应该会在这条路上携手并进。而且他自己还没发表过关于蝗虫的论文，身边有我这么一个可以探讨蝗虫的同好，对他肯定也大有助益。

法国农业发展研究中心（CIRAD）是享誉世界的蝗虫研究机构，有着悠久的历史。去法国闯一闯，就知道我到底有几斤几两了。再说了，要是能掌握正宗的法式深吻，还怕过不上美滋滋的下半辈子嘛！

我跟西里尔商量了一下，决定在三个月后的 4 月前往法国。对未来有了规划，干劲油然而生。

天赐之暇

什么事是只能趁着这个有大段空闲时间的当口做的呢？细细想来，我还从没有过这么长的闲暇时光。在日本的时候，每天都忙着照料蝗虫做实验，还得抽空完成案头工作，所以"有空"是我很不习惯的一种状态，不知所措也是在所难免。

我左思右想，忽然灵光一闪。书！干脆写本书吧！说来也巧，东海大学出版部伸出橄榄枝，邀请我为他们的"野外生物学"系列（聚焦新生代科研工作者的野外调查逸事）写一本书。这倒是个重新审视自己的好机会。问题是，书的内容得围绕"野外"展开，可我手头的研究全都是实验室里的，与主旨不符。对了！正在写的论文就是基于野外调查的呀，把这方面的事情都写上不就行了？

这一年来，我一直在用博客练习写作。博客有记录每日访问量的功能。只要文章足够有趣，读者就会在推特等社交网站上吆喝，带来更多的读者。当时我已经渐渐摸清了读者爱看的文风和内容，是时候检验练习的成果了。

我先后投了两篇论文，一篇是关于蝗虫的，一篇是关于拟步甲的。按以往的经验，评审环节至少要一个月，耗上三个月都有可能。我决定先把费时的事情准备起来，趁着等待评审结果的工夫把书写了。

不过话说回来，那段时间的纠结让我深刻认识到了目标在人生中的重要性。每天的充实感是多是少，在很大程度上取决于你有没有明确的目标。上来就立下"解决非洲的蝗虫问题"这般遥不可及的大目标，就会无所适从。所以我调整了策略，从容易完成的小目标入手，品味成功的喜悦，等状态上来了，再挑战更耗时的大目标。唉，取悦自己也不容易啊。

听说小说家会特意跑去冷僻的乡下旅馆闭关写书。我在这方面倒是有现成的优势，本就过着与世隔绝的生活，可以集中精力写书，不必担心被"噪声"干扰。

法布尔的圣地

我将在法国南部的蒙彼利埃（Montpellier）度过一个月的时光。那可是法布尔取得学位的地方。一想到自己能在法布尔学习生活过的地方做研究，不禁感慨万千。能和他呼吸同样的空气，都教我不胜感激。

西里尔帮忙安排好了在法国的生活，我将借宿在克劳迪娅阿姨家。约莫四帖的小房间便是我的私人空间，浴室和厨房则是共用的。克劳迪娅阿姨是位艺术家，平时一个人住，主要创作绘画和雕塑。我到蒙彼利埃那天，她恰好在举办个展。房子里的陈设布置别提有多时髦了，到处都是她的作品。

阿姨家在市中心，但周边都是古色古香的石板路，直叫人联想到中世纪的欧洲。去山里的研究中心要先坐有轨电车，再

法国农业发展研究中心

研究中心藏有约两万篇与蝗虫有关的文献资料

蒙彼利埃的广场，好不优雅。喷泉可太奢侈了

158

与西里尔一家同游蒙彼利埃

骑车不忘看论文的法国科研工作者。高难度的一心二用，二宫金次郎[1]见了都自愧不如

食堂的当日套餐

1　即二宫尊德（1787—1856），日本农政家、思想家。日本学校里常有他的铜像，一般以"背着一捆柴边走边看书"的形象出现。

换乘公交车，单程不到一个小时。衣食住行都安排得明明白白。

法国农业发展研究中心的蝗虫研究小组由三名科研工作者、技术员、饲养员、档案管理员和秘书组成。除了两间饲养室，还有实验室和档案室，大量资料有专人管理。听说近一个世纪，科研工作者们发表了数万篇和蝗虫有关的论文，而中心档案室收藏了约两万篇论文，除了用英语和法语写的，还有用日语写的。论文的数量也能从侧面体现出蝗虫研究的历史。

便宜的啤酒、美味的饭菜……在法国的生活叫我乐不思蜀，日渐懒散。因为有中心补贴，在食堂花 300 日元左右就能吃到带甜点的当日套餐。

我和西里尔通力合作，论文的准备工作进展顺利。眼看着下一篇论文准备就绪，返回毛里塔尼亚的日子也越来越近了。旅法期间，我也与巴巴所长保持着联系，他告诉我蝗虫还没有出现。

法国农业发展研究中心的同人也很担心我的处境，盛情邀请我留在法国做实验，等蝗虫出现了再回毛里塔尼亚也不迟。法国农业发展研究中心饲养的沙漠蝗虫是前一年从毛里塔尼亚送来的，倒是正好。我也想尽可能多地推进自己的研究，这样的提议真是求之不得。

跟巴巴所长协商后，我决定先回毛里塔尼亚一趟，然后再来法国农业发展研究中心做实验，静候蝗虫现身。

惊现小强

不久后，我回到了毛里塔尼亚的招待所。打开熟悉的大门，按下电灯开关，震撼人心的景象闯入视野。只见走廊上有一团黑色的东西蠢动不止。原来是一大群蟑螂正在热烈欢迎我的归来。要是蝗虫该有多好啊。

走廊上都有这么多，那……我战战兢兢走去厨房一看……啊啊啊啊，厨房也沦陷了。去法国前明明只有两只成虫……看来招待所门窗紧闭的这一个月，为它们提供了大肆繁殖的机会。

本以为我的房间应该还好，毕竟门是锁好的，谁知从浴室传出了窸窸窣窣的声响……十有八九是顺着排水管爬进来的。下午两点的户外气温高达 43.7 摄氏度。为防沙尘入侵，连窗户也是关死的，这样的内部环境似乎非常适合蟑螂的生长发育。我只得和蒂贾尼一起投身灭蟑大业。

本想瘫在床上，来一句经典的台词："金窝银窝，不如自家的狗窝啊！"不料这一通鸡飞狗跳反而让我切身体会到，这下是真的回来了。

美女的定义

与阔别多日的蒂贾尼共进早餐时，我一边喝咖啡，一边打听自己离开的这段时间有没有出什么问题。他说他跟二夫人闹了矛盾，正发愁呢。

毛里塔尼亚实行一夫多妻制，男人最多可以娶四个老婆。蒂贾尼也有两位夫人。大夫人带着她和蒂贾尼的孩子们，与她的家人住在南方。蒂贾尼则与二夫人玛丽安和他的家人住在研究所边上。和他闹矛盾的就是这个玛丽安。我细细一问，才知道他们的夫妻矛盾与毛里塔尼亚特有的文化有着千丝万缕的联系。

日本人偏爱身材纤瘦的女性，毛里塔尼亚人则刚好相反，胖姑娘更受欢迎，于是就形成了女孩年纪轻轻就要强制增肥的传统风俗，人称"催肥"（gavage）。近来政府也在呼吁民众移风易俗，因为催肥不利于健康。

在日本，肥胖往往和缺乏自制力联系在一起。可是在毛里塔尼亚，肥胖是跟富有挂钩的。妻子要是很瘦，丈夫就会沦为众人眼中的窝囊废，所以毛里塔尼亚的丈夫们还得想方设法把妻子养胖。也许就是这样的文化背景影响了男性的择偶偏好，让他们渐渐形成了以胖为美的思维。

蒂贾尼开车时见了身材格外"富态"的女性也会连连赞叹，路都顾不上看了。

前："在日本是苗条的女人更吃香。比如……瞧，那个就不错。"

蒂："那样的哪行啊，女人就得是大块头！"

我们的口味相去甚远，一起去联谊都不会撞车。不过按蒂贾尼的说法，女人的块头也不是越大越好的，"在自己扛得动的范围内"才最理想。据说有一次，他得送夫人去医院，结果一个人抬不动，叫了两个人帮忙才把人抬出来，吃尽了苦头。

吃什么才能胖成那样？我采访了一下蒂贾尼。他告诉我，六岁的小女孩每天要喝八升牛奶、吃两千克古斯米（couscous，一种形似小米的食物）和油（这分量听着实在离谱，我问他是不是搞错了，他却坚称就是这么多，有必要进一步核实）。

大胃王也就罢了，普通人哪里吃得下，姑娘们当然不情愿了。但毛里塔尼亚人有一种秘密工具，能让姑娘们乖乖就范。我去过毛里塔尼亚北部的欣盖提（Chinguetti，人称"伊斯兰教第七大圣城"），在当地见过一种传统的民间工艺品，长得像木头做的镊子，长约30厘米。据说这东西的用处，就是掐不肯增肥的姑娘的大腿。说白了就是用体罚强迫姑娘们

"姑娘不听话，就用这个掐她，逼她喝奶。"——老爷子极力主张无情的体罚

吃东西。我还见到了一种大约1厘米粗的木棍，用法是夹在姑娘的指间，再用力握住姑娘的手。用铅笔试一试，你就会意识到这无异于严刑拷打。

毛里塔尼亚还有专业的"催肥营"。雨季是牛和骆驼的产奶高峰期，大人们专挑这个时候送女孩去南方的催肥营，狠狠养肥。肥胖引起的健康问题自不必说，强行催肥还会闹出人命。食物卡在喉咙口，便会窒息而死。撑爆了胃也会丢掉小命。

以前没车可开，平时要走很多路，吃下大量的食物也能消耗得掉。可今时不同往日，自己迈步走路的机会是越来越少了，催肥已成健康的一大威胁。我观察过街头巷尾的行人，感觉女性越是年轻，瘦子的占比就越高，所以催肥的人应该已经有所减少了。

蒂贾尼见了丰满的姑娘也挪不开步子，可"催肥自家的孩子"就是另一码事了。发生在蒂贾尼身上的悲剧，就源于根深蒂固的催肥文化。

催肥的悲剧

以下内容由蒂贾尼的叙述整理而成。

蒂贾尼的二夫人玛丽安带着个和前夫生下的女儿。孩子名叫萨蒂，今年六岁。玛丽安出身农村，思想老旧，所以一直想方设法给萨蒂催肥。孩子不肯吃，玛丽安就扇耳光、掐大腿，以至于萨蒂的大腿上总是青一块紫一块。萨蒂哭着向蒂贾尼求救，蒂贾尼也确实看不下去了，就劝玛丽安不要再逼孩子了。夫妻之间的争吵就此爆发。

玛："萨蒂是我的孩子，你管得着吗！"

蒂："怎么管不着了！这是我的家，你就该听我的！"

蒂贾尼劝了又劝，玛丽安却充耳不闻。萨蒂只得等全家人睡熟了再偷偷溜出家门，去外面吐。蒂贾尼是知道的，但他睁一只眼闭一只眼。可惜玛丽安还是发现了，把孩子看得死死的。长此以往，萨蒂的身体肯定吃不消。为了解决这个问题，蒂贾尼挺身而出。

蒂："不许再逼孩子了，否则我就和你离婚！"

玛丽安这人本就疑心重。她唯恐蒂贾尼假装去蝗虫研究所上班，其实是在跟别的女人幽会，每隔一个小时就要打一通电话查岗。有时还要搞突然袭击，说"既然你在工作，那就让浩太郎来接电话"。每每遇到这种情况，蒂贾尼都会一脸愧疚地对我说："不好意思啊，浩太郎，能麻烦你跟玛丽安说两句吗？"玛丽安管得确实紧，但这也能从侧面体现出她对蒂贾尼的爱。她是太爱他了，所以才没有安全感。"离婚"二字把玛丽安吓得不轻，她立即就不逼孩子了——只可惜第二天就故态复萌。

蒂贾尼一筹莫展，便来找我出主意。我给出建议：

"我觉得吧，催肥确实很危险，还是别逼孩子了。危害健康就不用说了，一个不小心还会闹出人命来。再说了，外国人都喜欢苗条的，不胖的姑娘也能找到对象，不催肥也没什么问题吧。"

听蒂贾尼发了几天牢骚以后，事态急转直下：玛丽安带着萨蒂离家出走，家具什物也都被她打包带走了。那天白天，蒂贾尼正在研究所清洗养蝗虫的笼子。就在这时，他的母亲打来电话，让他赶紧回家一趟，说玛丽安正在收拾东西。

前："那可真是不得了，你快回去吧，现在可不是洗笼子的时候！"

蒂："没事，不要紧的。"

蒂贾尼一脸从容淡定，继续洗笼子。就是这份淡定要了他的命——

下班回家一看，家中已是空空如也。电视、音响、地毯、床上用品、餐具……这些东西就不用说了，玛丽安竟还卷走了五千克食用油和十千克大米。

第二天，蒂贾尼表现得很是坚强。他噙着泪水告诉我：

"按毛里塔尼亚的习俗，新娘要准备各种家具什物，带去丈夫家里。但我已经有大老婆了，家里该有的东西都有，没必要浪费钱，所以我也就没让玛丽安买任何东西。当时朋友们都对我赞不绝口，说这个主意好。但我现在清楚地认识到，这么搞是行不通的。"

都不知道该怎么安慰才好。我很同情他的遭遇，便悄悄塞了个红包给他，好歹买台电视。

其实玛丽安是耍了个小心机。为了让蒂贾尼认识到催肥的必要性，她"挟持"了家具什物，暂住在夫妻俩都认识的一位朋友家里，等蒂贾尼认错。搞清事情的来龙去脉后，那位朋友也来劝过蒂贾尼，但蒂贾尼就是不肯给玛丽安打电话，一口咬定"我没错，错的是她！"。

僵持之下，反倒是玛丽安先撑不住了。她哭着求蒂贾尼让她回去，奈何为时已晚。蒂贾尼非常生气，无论如何都不想和这么个可怕的女人过下去了，毅然选择分手。听说后来玛丽安带着萨蒂回了乡下的老家。

为得到异性的青睐进化出不适合生存的极端特征，这种事情在生物界屡见不鲜。雄孔雀的艳丽尾羽就是一个典型的例子，长尾拖地，别提有多笨重了。

毛里塔尼亚人在肥胖的道路上越走越远，日本人则一味追求纤瘦，也引发了种种问题（比如因过度节食出现健康问题的女性与日俱增）。

人对异性的偏好也会影响异性的体形，使不健康的极端体形更受青睐。旧时欧洲女性为了追求细腰而过分束腰，中国古代也流行过缠足，崇尚"三寸金莲"。这些都是"不健康的特征被视为美"的例子。

明明都是人，对异性的偏好却在文化、时代等因素的影响之下截然不同。男性的审美观让女性饱受折磨，这可不是小问题。日本的男同胞们，我们可以眼睁睁看着日本女性承受过度节食之苦吗！我们是不是太偏爱瘦子了？何不在微胖中发现美，创造对女性更友好的全新审美观呢！

闪婚

蒂贾尼这人开车快，走出阴影的速度也快。在"玛丽安出走事件"落幕的短短三天后，他就迎娶了新欢。和玛丽安分手的第二天，他就嚷嚷着要再找一个，这回得找个能陪着自己的，性格也不固执的。没想到三天后，还真让他找到了。双方通过朋友介绍相识，已经定下了终身。由于玛丽安迟迟不肯在离婚文件上签字，离婚在法律层面上还没有正式生效，但从两人事实上离婚到蒂贾尼找到新对象，中间只隔了短短的一周，可谓是电光石火，风驰电掣。据说周末就要办婚礼了。

听说许多法国情侣会在婚前同居半年左右，确定合得来再办登记手续。我也觉得最好先交往一段时间，等深入了解对方以后再结婚会稳妥一些。不过蒂贾尼的果决着实让人佩服。

难得有机会参加毛里塔尼亚的婚礼，可惜我已经订好了去法国的机票。真想给他们添添喜气啊……怎么办呢？

我告诉蒂贾尼，我去法国的这段时间，他的工资和上个月一样照发不误，并表示会一次性付他三个月的工资。他喜出望外，紧紧握住了我的手。

办婚礼还是很费钱的，要搭个大帐篷，租卡拉 OK 设备，用烤全羊等佳肴招待大批亲朋好友。蒂贾尼没有存钱的习惯，本打算找亲友借钱的。就在这时，我提出要预付他好几个月的工资，他自是欣喜若狂。我都不知道原来一个人可以高兴成这样。那就再添一把火吧——

"工资归工资，这是特别的贺礼。"

一封礼金进一步引爆了他的喜悦之情。由衷祝愿我的好搭档幸福快乐。

寄希望于法国

再度转战蒙彼利埃。所幸上次寄宿的房间还空着，我便住了回去。这次逗留期间，要用产自毛里塔尼亚的沙漠蝗虫在实验室里做一些研究。在蝗虫因干旱销声匿迹之前，我送了一批虫卵过来繁殖备用。本想来个华丽亮相，向研究蝗虫的法国同人们展示一下自己的实力，谁知……

昂扬斗志被一盆冷水浇灭。就在我奔赴法国的几天前，原计划在实验中使用的蝗虫折损了大半。

研究中心有两间饲养室，其中一间的温控系统出了问题，室温飙升至 60 摄氏度，把蝗虫活活热死了。养在另一间的蝗虫幸免于难。本想把两间饲养室里的蝗虫都用上，却不得不调整实验计划。以稳定性著称的饲养室竟偏偏在这个节骨眼儿上出了故障，简直岂有此理！我的蝗虫运是有多烂啊！幸运女神是彻底抛弃我了。

构思实验计划的关键在于"如何检验假设"。计划必须滴水不漏，时期、材料、劳力和工作时间都要考虑到位。"每天的工作时间"成了本次实验的一大瓶颈。研究中心设有门禁，职员们必须在 18 点前收工回家。回城的末班车是 17:45 出发，所以没法像在日本那样埋头苦干到半夜。法国非常注重劳动者的人权，没想到这种文化竟成了研究的绊脚石。

　　法国人很重视陪伴家人的时光。听说这边的科研工作者每年都要休假两个月之久，研究效率却没有低到哪里去。日本人天天连轴转，法国人却过得逍遥自在，两边的研究效率怎么会差不多呢？不过这种限制颇多的环境，倒是为我创造了掌握法式研究风格的绝佳机会。

　　梳理现状后，我在可行的范围内设计了实验，好不容易构思出了有希望写成论文的研究计划。可每天的实验时间实在是太短了。正发愁时，在同一个研究室做博士后的本伸出了援手。他总是陪我忙到最后一刻，下班时还会开车捎我一程。

　　本是蝗虫研究小队前一年刚雇的博士后，性格开朗和善，爱好美式橄榄球。蝗虫是他的第一个研究对象，所以他很期待与我合作。我的办公桌起初被安排在了访客专用的房间，后来本提议"我们可以挨着坐"，我便挪去了他的办公室。

　　万幸的是，在实验室做兼职助手的大姐也很愿意帮忙。多亏她更换饲料、清洗用具，实验进展顺利。

　　我们喂蝗虫吃刚发芽的小麦。从种子长到能吃的状态需要几天的时间，所以得提前备下。小麦嫩芽翠绿欲滴，可长老了就会变成倒胃口的黄色。饲料要在常规用量的基础上多备一些，每天都要发一批种子。

新的研究环境对我有诸多启发，而我的技能有时也可以帮到大家，所以这样的交流对双方都有很多好处。

朝圣之旅

每个人都有心驰神往的圣地。麦加是穆斯林的圣地，甲子园球场是高中棒球队队员的圣地，花园球场则是高中橄榄球队队员的圣地。而让立志成为昆虫学家的我魂牵梦萦的圣地，就是法布尔的故居。

法布尔是日本人最熟悉的法国人之一，几乎是家喻户晓。然而在法布尔的祖国，他竟鲜为人知。哪怕在研究昆虫的人里，知道这个名字的也不过 1/10，街头巷尾的行人就更不用说了。常有法国人问我"在日本最出名的法国人是谁"，可听到"法布尔"这个回答后，每个人都是一脸茫然。我告诉他们，法布尔是位昆虫学家，他们便会大失所望，连连感叹："天哪……怎么会是个昆虫学家啊！"

"休得无礼！"我一个日本人打抱不平好像也怪怪的……

我决定在实验忙起来之前去法布尔故居瞧瞧。此行的目的地是位于法国南部普罗旺斯地区的塞里尼昂迪孔塔镇（Sérignan-du-Comtat）。先坐火车到奥朗日站，再换乘公交车。

终于来到了真正的普罗旺斯！才到奥朗日站，我就已经热血沸腾了，赶忙找了家咖啡馆平复心绪。

"说不定法布尔当年也在这儿端着咖啡吃羊角包呢！"

我已然兴奋得无以复加，只觉得映入眼帘的一切都是那么神圣，都跟法布尔有渊源。

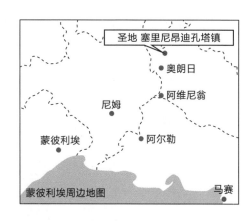

虽然坐上了公交车，但我心里没底，不确定该在哪个站下。不过20多分钟后，我便满怀着信心在一座乡间小镇下了车。底气从何而来？因为小镇入口矗立着一座两米多高的巨型螳螂雕像。这么可疑的镇子可不多见。

下车没多久，我就发现了指向法布尔故居的标识，没带旅游指南也不怕。

矗立于圣地入口的螳螂雕像

魂牵梦萦的圣地终于呈现在我眼前。

法布尔故居是一座豪宅，紧挨着一片郁郁葱葱的森林。法布尔是上了年纪以后才搬进去的，也是在那里写就了《昆虫记》。故居对面建了博物馆，是个旅游景点。博物馆虽然关着，但我找到了通往屋顶的楼梯，爬上去瞧了瞧。

法布尔故居入口

屋顶视野开阔，故居的景致一览无余。房子好大，占地面积相当可观。

哇，真的好大啊。太大了。大得不得了。我只能对它的宏伟感慨万千。因为今天是星期六，无法入内参观，只能观赏外观。本早就提醒过，可我查清路线以后按捺不住，还是兴冲冲跑了过来。万一能进呢？我怀着一丝侥幸，可惜还是没能如愿。不过圣地不仅限于故居，整座小镇都是我心目中的圣地。我想全身心地感受法布尔的人生轨迹，便随意逛了逛。

小镇各处都点缀着法布尔的元素。民宅的墙上、小镇的地图上、派出所的墙上……法布尔的头像（戴帽子的侧脸）随处可见。沿小镇主干道走了没几步，便看到了法布尔老师的铜像。

英气十足，叫人心醉。底座上刻着法语单词"昆虫学家"。靠研究虫子拥有了铜像，这是多么了不起啊！法布尔虽已离世，但他的灵魂将永远活在这座雕像中。

感动片刻后，我从背包里缓缓拿出一沓稿纸，轻轻放在底座上。来到法国后，我每日伏案笔耕，终于完成了书稿。书名是《孤独的蝗虫成群结队时》。我在书中介绍了蝗虫的生态，并回顾了自己的科研之路。被法布尔的《昆虫记》触动心弦的小学生长大成人，要出自己的"昆虫记"了。人生至幸，莫过于此。小学时的我要是知道了，肯定也会欣喜若狂。

所以我无论如何都

法布尔的头像随处可见

将书稿献给法布尔的雕像。"ENTOMO-LOGISTE"即法语"昆虫学家"

不赶紧溜，就要被我解剖喽

要当面跟法布尔汇报一下，亲手奉上出版前的书稿。即将化作
"昆虫记"的书稿与我最崇拜的昆虫学家同在……此时此刻，
法布尔肯定也备感欣慰。

　　我收起得到法布尔祝福的书稿，去酒吧提前庆祝。回火车
站的车很少，离下一趟车还有好一阵子。

　　大白天喝啤酒，不亦乐乎。说我就是为了这一口活着的也
毫不夸张。找了张露天的桌子，将啤酒灌入干渴的喉咙，滋味
妙不可言。还有不知名的蝗虫飞来与我对饮。

　　正要续第三杯时，一个说英语的大叔跑来搭讪。他问我来
做什么，我便解释了一下。没想到他居然认识法布尔故居的管
理员，说帮我问问今天开不开门。算啦，今天肯定没戏。

叔："他说今天开门哦——"

前："Ah bon!!!"（真的假的！！！）

大叔说夏季的周六属于特殊情况，故居15点开始接待游客，博物馆也会在14点开门。真是柳暗花明，可把我高兴坏了！一口气喝完刚上的啤酒，买了故居和博物馆的通票，先去参观博物馆。博物馆的展品和法布尔的关系不大，令我越发对故居遐想联翩。时间一到便转战故居。院门果然开着。我缓步入内——

坐上心驰神往的椅子

检完票，入内参观。首先映入眼帘的是跟法布尔没什么渊源的各地昆虫标本。法布尔本人的藏品大多收藏在巴黎的博物馆。

玻璃展柜里陈列着法布尔当年在实验中使用的各类仪器。他在人世间留下的所有痕迹都是有价值的，我这个粉丝是见了什么都想拜上一拜。配楼的墙上挂满了以蘑菇为主题的画作。法布尔不仅是著名的昆虫学家，还以擅长画蘑菇闻名于世。我是第一次看到他画的蘑菇，再次被他的非凡才华深深震撼。展柜里摆着被翻译成各种语言的《昆虫记》，有俄文版、中文版……当然也少不了日文版，应该就是母亲当年从图书馆借来的那本。这些展品也让我再次认识到，法布尔是一位深受各国人民爱戴的昆虫学家。

总算走到了魂牵梦萦的实验室。法布尔就是在这里缔造了无数传奇，俘获了无数昆虫少年少女的心。柜子里摆满了贝类等动物的骨头，桌上则是各种实验用具。终于来到了这里……

正是展柜中的法布尔《昆虫记》决定了我的命运

我用尽全力，深吸一口气。只盼着全身上下的每一个细胞，都能染上法布尔的色彩。

正出神时，一对老夫妇走了进来。会来这种地方的必然是同好。上前一问，原来是德国来的游客。老先生是研究跳虫[1]的，去年刚退休。我们轮流坐上法布尔的椅子，互拍纪念照。我希望有朝一日能像他那样，带着爱人重游故地。

故居的花园也是不容错过的景点。相传法布尔曾哀叹自家的花园是"harmas"（荒地）。不过在来自沙漠的我看来，这片

1　属于节肢动物门弹尾纲，是一种非昆虫的六足动物，因密集时如同烟灰，又称烟灰虫。

土地已经足够丰饶了。漫步园中，穿过枝繁叶茂的树木组成的隧道……置身盎然绿意时，人为何会如此心情舒畅呢？世上就没有比树林更能舒缓心灵的东西了。自家后院就有一片林子，真是羡煞我也。

回到室内，只见桌上摆着访客留言簿。翻开一看，世界各国的文字都有，但用日语写的留言占了大半，这足以体现出法布尔在日本是多么受欢迎。我也写了一笔留念，大意是"献上我的'昆虫记'，敬请法布尔笑纳"。

今天的最后一项日程是与责编田志口克己先生（东海大学出版部）最后过一遍书稿。我一直没机会回国见他，而他正好要来法国办事，便专程来了一趟普罗旺斯。

献给法布尔的书稿。可惜"出版"这个词从头到尾都没写对

与责编田志口克己在昆虫大学举办《孤独的蝗虫成群结队时》新书发布会

当时毛里塔尼亚的网络很不稳定，通过邮件发送稿件都成了一桩难事。本该整合成一个文档发过去，却不得不分成若干份分别发送，以防止文件过大。一通折腾，着实给人家添了不少麻烦。

这本从毛里塔尼亚写起，又在法布尔的圣地收尾的书，承载着我们的万千念想。旅法期间的重要任务之一大功告成，值得再次举杯庆贺。

回毛里塔尼亚的日子一天天临近。接下来就要和蝗虫相依为命了。到头来，我还是没能按原计划完成实验，只得将回毛里塔尼亚的时间推迟了一周，好不容易才做完了够发表论文的实验。在法国尽情感受了法布尔，是时候重归毛里塔尼亚的怀抱了。

话说回来……还没来得及练习法式深吻呢。

再赴毛里塔尼亚

蒂贾尼热烈欢迎我的归来，喜悦之情溢于言表。听说我在法国的时候，研究所的其他职员都跟他说："浩太郎被法国抢走了，不会再回来了。"搞得他见了谁都抬不起头。

他一口咬定："不！浩太郎最关心蝗虫了，只要毛里塔尼亚闹了蝗虫，他就会回来的！"我一回来，他就在同事们跟前耀武扬威了一番，逢人就说："瞧，我说什么来着！"

前："随时都能出任务？"

蒂："Oui（那是当然）！我就知道你会这么问，连车都提前保养好了！"

蝗虫已陆续回归毛里塔尼亚。左右命运的第二回合正式打响。无论如何都要取得战果，否则就争取不到下一个职位，也没法继续研究昆虫了。我的人生迎来了最紧要的关头。

第六章

穿越地雷之海

死湖萨法

期盼已久的"蝗虫季"终于到来。虽然还没有大规模爆发的迹象，但有人目击了少量蝗虫的消息接连传来。不求被铺天蝗虫包围，能在野外观察到蝗虫我就谢天谢地了。总算能出任务了，我们跑遍了全国各地，步履不停……

听说离首都 100 千米的地方有成虫，不过数量不多。眼看着圣诞将至，与其在招待所慵懒度日，倒不如去沙漠里过节，也别有一番情趣。在 GPS 的指引下，我们赶赴现场。

开着开着，眼前出现了一片寸草不生的空地。地面平整，看起来很好开的样子，可 GPS 分明显示这里有一片湖。我还以为只是地图数据没更新，蒂贾尼却绕开了那片肉眼看不见的湖。

前："蒂贾尼，直走啊！不用拐弯！"

蒂："Non（不），这里是'萨法'，不能走。"

死湖萨法（盐水池）。下方的水池里漂着盐的结晶

前："萨法？"

蒂："萨法很危险的，有很多盐和水，车会陷进地里出不来。现在是白天，看起来没水。等天一黑，水就从地下渗出来了。以前研究所有个司机想开车穿过萨法，结果被困住了，折损了一辆车。开车穿越萨法太冒险了。"

难怪这地方寸草不生，原来是盐搞的鬼。我对这种闻所未闻的地貌产生了兴趣，便下车走了走。部分地面蓬松柔软，地表还有盐的结晶。乍看平坦，细看却有不少大坑，坑里还有积水。伸出舌头舔一舔，还真是咸的。

茫茫沙漠中怎么会有盐呢？

像模像样解释一下吧。很久很久以前，沙漠的一部分还沉在海底。事实胜于雄辩，与海岸相隔 200 千米的大地布满了雪白的贝壳，地上还有箭头状石器，应该是古人用来打鱼的。岁月流转，海水蒸发，盐分便逐渐凝结了。

蒂贾尼告诉我，不远处就有盐矿采场，目光所及之处全是岩盐。盐是人类维生的必需品。岩盐曾是一种重要的商品。商人们用骆驼驮着岩盐，穿越撒哈拉沙漠——

旅途中的小插曲，让我们领略了远古时代的浪漫。

卖岩盐的老爷子

保命要紧

驾车出行时，应尽量绕开沙丘，选择平坦的硬地。其实沙漠中也有凝聚着劳动人民智慧的"路"。只不过那些路并不是用沥青铺成的，而是轮胎留下的痕迹。长年累月，车来车往，便轧出了清晰可辨的轮胎印。有些地方的轮胎印纵横交错，像极了鬼脚图[1]。最深的轮胎印所在之处，往往是最短也最安全的路线。

大家都沿着前人的轮胎印走，而不是乱开一气，路面就会被磨平，为高速行驶创造有利条件。万一半路出了故障，也更容易被后续车辆发现。在沙漠中安全行车的诀窍，就是"找到

---

1 一种抽签游戏。先画几条纵向平行线，一端为起点，另一端为终点，终点写上需抽签的项目，再在相邻的纵线间任意画几条横线。选择一个起点向下走，遇到横线就拐弯，遇到纵线就向下，最后到达终点，抽中项目。

最优质的轮胎印"。蒂贾尼既是好司机，又是好向导。他记得毛里塔尼亚的每一条无名之路，总能将我安全送达目的地。

话虽如此，后续车辆出现的时间终究是无法预测的。为了在车辆出问题时及时向外界求助，还是得做好万全的准备。所以我买了一部售价十万日元的卫星电话，权当送给自己的圣诞礼物。这玩意性能卓越，无论身在地球上的哪个角落，都可以拨打电话。美中不足的是，通话两分钟的费用高达 1200 日元，接电话也得交钱。虽然是有可能让我破产的双刃剑，但什么都不及小命重要。

新夫人的家常菜

四个月没下雨，植物都开始枯萎了。在毛里塔尼亚，降雨带是从南向北移动的，所以植物的枯萎也始于南方。许是刚穿过"枯叶前线"，绿意随着我们北上的步伐渐渐复苏。这次任务的目的地就是一个仍有绿叶的区域，但绿叶枯萎恐怕只是时间问题。

前线快报准确无误，目的地确实有零星分布的成虫。我们找了一处适合观察的地方安顿下来。饶是茫茫沙漠，到了圣诞季也会冷。白天仍有 30 摄氏度以上，清晨的气温却直逼 5 摄氏度。夏冬两季在一日之内交替到来，所以夏装和冬装都得带着，无法轻装上阵。

人类可以通过穿衣服调节体温，可光着身子的蝗虫要如何应对气温的骤变呢？昆虫是变温动物，活跃程度取决于气温。

白天气温高，可以尽情活动。可清晨那么冷，它们肯定会冻僵的。在不活跃的时候遭遇敌袭，怕是很难招架得住，那么蝗虫是如何熬过这段危险期的呢？变温动物如何在温度极端波动的环境下逃避天敌的追捕——这个问题着实耐人寻味。解开这个谜，也有助于把握蝗虫的弱点。

弄清成虫的冬季日常作息，是本次任务的首要目标。

我拿着纸笔定期走动，观察蝗虫在哪里做什么。蒂贾尼则和新婚妻子亲亲热热做着晚饭。没错，蒂贾尼的新夫人也来了。他想让妻子看看自己是怎么出任务的，就把人带上了。我破例给了她随行厨师的待遇，这下就能在沙漠里吃到她做的家常菜了。当天只做了简单的面条，不过第二天是平安夜，她说会为我们做一顿大餐。

次日早晨，我结束定期观察回到帐篷一看，烹饪工作进展神速。火上炖着加了西红柿的花生酱。蒂贾尼折来一根带很多

树枝也能当炊具用

花生酱炖肉盖饭

分叉的树枝，做了个简易打蛋器（正经的忘带了），给新夫人打下手，狠狠秀了一把恩爱。扔块牛肉进去再炖一会儿，"花生酱炖肉"（mafé）就大功告成了。酱汁兼具担担面的浓香与香雅饭（日式牛肉烩饭）的醇厚，趁热浇在米饭上。用于提香的辣椒堪称点睛之笔，叫人食欲大开，根本停不下来。牛肉也是文火慢炖出来的，牛筋弹性十足，滋味好极了。蒂贾尼和我都是赞不绝口，夸得新夫人都不好意思了。

饱餐一顿后，又该外出观察了。转完一圈回来，听见帐篷里只传出了新夫人的说话声。感情真好呀，看着心里暖洋洋的。我走进帐篷，本想稍事休息，却发现新夫人居然在用手机跟人煲电话粥！

纵横交错的沙漠公路周边立着不少手机专用的大型天线。离公路不太远的话，手机在沙漠里也是有信号的。方便是方便，但作为一个刚刚斥巨资置办了卫星电话的人，我着实有种"亏大了"的感觉。

大漠圣诞夜

圣诞节当晚，引擎声响彻沙漠，听着像是有好几辆车朝我们的营地来了。来者何人？我们心中顿时警铃大作。原来是巴巴所长带队探班来了。

其实在我们出发前，所长悄悄提过一嘴，说他这段时间到处突击检查，以防分散在全国各地的调查小队偷懒懈怠。听说我在野外调查，他便专程过来慰问。

带着厨师来的巴巴所长请我们共进晚餐。

巴："浩太郎，过圣诞节就得吃鸡肉！"

所长竟带来了他夫人养的鸡。

前："天哪！？我，我能过上圣诞节了？"

圣诞老人巴巴所长

圣诞大餐是徒手抓着吃的炸全鸡

巴："Of course（当然）！日本人不是有圣诞节吃鸡肉的习惯吗？喝不上香槟，好歹吃点鸡肉吧！"

前："哦哦哦！ You are my Santa Claus（您就是我的圣诞老人）！"

大过节的，我也想跟人一起吃炸鸡和蛋糕啊，挑这个时候出任务就是为了排解寂寞。没想到巴巴所长特意去了解了日本的风俗，专程过来加油打气，再没有比这更体贴周到的了。这份心意让我感激涕零。

整只鸡下油锅炸，搭配以高汤和岩盐调味的洋葱酱享用。

道一声"圣诞快乐！！"，一口咬上去。不愧是所长夫人精心养育的鸡，肉质柔嫩多汁，别提有多好吃了。鸡肉与巴巴所长的温情，丝丝沁入我干渴的身心。

冷血动物的挣扎

通过连续多日的观察，我终于总结出蝗虫在冬季的活动模式，汇报给了巴巴所长。

只要身体足够暖和，成虫便能到处飞行，待在自己喜欢的地方，而不容易被天敌抓住。在白天气温较高的时间段，它们潜伏在地面或低矮的植物中。到了太阳快下山的时候，则会转移去相对较大的植物，在那里过夜。总而言之，它们会利用自身的高机动性，在一天之内多次变换位置。

日落时分，蝗虫的身体还足够暖和，完全可以飞行，又为什么要早早转移到较大的植物上呢？关键在于次日早上的情况——清晨的气温直逼 5 摄氏度，身为变温动物的蝗虫无法在这样的环境下灵活移动。万一在这个时候遭遇恒温动物的袭击，蝗虫哪里招架得住。而被它们选为卧榻的高大植物能发挥庇护

蝗虫逃进形状复杂的植物，我就没辙了

清晨齐聚树梢的蝗虫们

所的作用。夜间的天敌大多会从地面上发起攻击，因此待在高处而非地面，就会更容易逃脱一些。而且太阳初升时，最先沐浴到阳光的必然是高处。躲在高大的植物上，就能尽早晒到太阳，提升体温了。

为防止天敌在身子还没暖和起来的时候发起进攻，蝗虫还做了另一手准备。

选择和人差不多高的植物过夜的蝗虫会紧紧抓着树枝。然而我一旦逼近，它们就会自行掉到地上，往植物的根部躲。由于体温偏低，这个时候的蝗虫实在不算敏捷，不过一旦脱离树枝，重力就会帮助它们在垂直方向上快速移动。再加上有错综复杂的树枝挡着，徒手抓虫就成了不可能完成的任务。躲在比人还高的植物中的蝗虫则恰恰相反。它们似乎知道人是碰不到自己的，所以继续留在原处，而不会掉到地上。也就是说，蝗虫会巧妙地利用植物，熬过因体温较低而行动迟缓的危险时期。

人们往往只关注沙漠的"热"，但事实证明，蝗虫也能完美适应寒冷的环境。养在室内的蝗虫之所以喜欢停在笼子的顶板上，搞不好就是为了躲避天敌。真没想到，困扰我多年的谜竟会以这样的形式解开。

蝗虫的这一面是巴巴所长都不曾了解的。他夸我"Good job"（干得漂亮），连我的对手都得了一句表扬："蝗虫可太聪明了！"作为一名科研工作者，"打探到蝗虫的秘密"就是最称心的圣诞礼物。

不明飞行物

冬日里的一天，蝗虫研究所接到报告，说有人在北部边境的港口城市看到了一大群蝗虫。这个时候出现一大群蝗虫是前所未有的，不会是哪个环节搞错了吧？不会又是害死人的假消息吧？但看到蝗虫的人不止一个，研究所当然不能置之不理，便派了一个调查组前去核实，并在周边地区展开巡逻。

目击了蝗虫的城市叫努瓦迪布，距首都约 500 千米。那边有日本援建的港口和水产加工厂，我早就想去看看了。蝗虫说不定已经飞走了，可万一它们还潜伏在广阔的沙漠中呢？我决定过去侦查一番，顺便旅游观光。

大冬天露营，妥妥要挨冻。而且越往北走，肯定会越冷。我告诉蒂贾尼想去努瓦迪布找蝗虫，他说他有个叫穆罕默德的警察朋友住在那儿，便帮着联系了一下。穆罕默德表示可以在他家住上几晚，他也很欢迎我们去做客。如此一来，就能舒舒服服地等蝗虫现身了。于是我们便决定投靠穆罕默德。

蝗群随时都可能出现。我让蒂贾尼以最快的速度赶赴前线。车沿着海边的大直道一路狂飙。十来栋小屋组成的渔村零星分布于路边。小屋的屋檐下晾着的鱼形似鲻鱼，鱼肉是白色的，家家户户前面都支着台子，台子上摆着若干纸袋。停车休息时，我打开纸袋一看，发现里面装着浅棕色的碎鱼干。蒂贾尼说，"这东西可不多见，很好吃的"。

钱都没付，他却豪爽地试吃起来。我也尝了一口，发现这鱼干特别适合拿来当下酒菜。正大呼小叫的时候，女主人出来了，六目相对。在尴尬和好奇的驱使下，我花 4000 乌吉亚买了一些。两人大嚼特嚼，继续赶路。

我们在音乐方面品味相近，每次出门都要大放欧美乐曲，调动气氛。每每放到当年泡夜店时常听的曲子，身体就会不由自主地扭动起来。

我问蒂贾尼："你一个人开得了 500 千米吗？"

他笑着吹嘘道："完全没问题啊，一天 1000 千米我都开过呢！"

确实。每次跟我出任务，他都是从头开到底，连哈欠都不打一个，从不主动要求休息，仅有的几次例外也是因为闹肚子。在驾驶方面心高气傲，绝不妥协，这才是我们的"音速贵公子"蒂贾尼。

蒂贾尼身上的绿色军大衣也是其英勇事迹的见证。话说很久以前，他受人之托，要把一辆小车开去南方。半路上有一段特别难开的沙土路，军队的卡车都被困住了，蒂贾尼却开着一辆并非为沙漠设计的寻常小车成功突破。不仅如此，他还特意把车开了回来，帮军队的卡车渡过了难关。军大衣就是军方给的谢礼。这种大衣在市面上无法买到，沙漠警察见了都会敬礼，帮我们免去了不少不必要的麻烦。

长途行车时，枯坐在副驾驶座上的我反而更累，所以每隔两个小时就要休息一下，喝杯茶再上路。由于车外风沙大，我们会在后座架个瓦斯炉烧水，喝杯加足了糖的茶。毛里塔尼亚的习惯是一壶水喝三轮，但这么喝得花半小时，所以旅途期间只能精简到一杯。趁着水还没烧开的时候在周边走走，观察栖息在沙漠里的昆虫，也是旅途的乐趣之一。这就是昆虫爱好者的习性，无论去哪儿，只要有虫子就能自娱自乐。

全球最长的火车

公路边每隔 5 千米就有一块石头，标明到下一座城镇的距离。快到努瓦迪布时，视野中出现了一条与公路平行的铁轨。那是毛里塔尼亚唯一的铁路，专为将铁矿石从祖埃拉特的矿场运到港口而建，全长约 700 千米。跑这条线路的火车以“全球最长”闻名，最多能连接 230 节车厢，总长度可达 3 千米。后来，我有幸见到了正在行驶的火车。虽然跑得很慢，但它撕破沙尘暴的英姿着实令人感到震撼。机会难得，光拍那一眼望不到头的铁轨都很有纪念意义，于是我就让蒂贾尼停了车。正要走去铁轨的另一边，却听见蒂贾尼为了制止我大喊：

“太危险了！这条铁轨是国境线。以前这一带是打过仗的，

载有铁矿石的火车横穿沙漠

地里还埋着地雷，千万不能走去铁轨的另一边！"

地雷！这可太吓人了……一不小心踩到，便是死无全尸，万劫不复。万万没想到，这片沙漠看似寻常，却沉睡着这样的负面遗产。我可不想背着"日本人被地雷炸死！"这样的大标题上报，还是小心点为好。

进入努瓦迪布前，我们在调查小队用作基地的民宅停靠了片刻。本以为"基地"肯定只有几顶帐篷，奈何这边实在太冷，大伙就住进了研究所职员的别墅。即使不投靠蒂贾尼的朋友穆罕默德也能免受风餐露宿之苦，不过我还是想在蝗虫出现之前尽情领略港口城市的风情。调查小队尚未发现蝗群，仍在四处搜索。我托他们找到以后报个信，然后继续前进。

说来惭愧，可我不得不节约汽油。毛里塔尼亚的油价跟日本差不多。驾车穿越沙漠要费不少油。"陆地巡洋舰"本就是大车，油耗很大，钱再多都不够它吃的。所以我的策略是将大范围的巡逻工作交给调查小队，我只在最合适的时机闪亮登场。

穆罕默德的豪宅位于城区。他甚至为我留了个单间。北方的毛里塔尼亚人同样热情好客，让我心头一暖。

噗噜噗噜

第二天的主要任务是视察努瓦迪布的街道。下午去港口一看，只见小渔船挤满了码头。气派的仓库应该是冷冻水产的设施。港口有用于出口水产的加工厂，据说是日本政府援建的。

"你是日本人？日本很好！"

渔民们见我就夸。日本多年来依托国际协力机构（JICA）等机构组织支持毛里塔尼亚的渔业，传授当地人加工水产的方法，并进口毛里塔尼亚人捕的鱼。毛里塔尼亚人有了收入，日本人吃上了鱼，这就叫互惠双赢。在毛里塔尼亚，对日友好的人多得不可思议。我这个初来乍到的新人只得由衷感谢前辈们的贡献。

早晨和傍晚渔船回港时，港口总会格外热闹。沿着码头走一圈，到处都是堆成小山的黑色罐子，肯定是用来抓章鱼的。毛里塔尼亚的章鱼与日本的真蛸（普通章鱼）口感相近，味道也差不多，很对日本人的口味。章鱼小丸子连锁店"筑地银章鱼烧"都大张旗鼓地用上了毛里塔尼亚章鱼，各大商超也有卖。

听说是日本人发现毛里塔尼亚周边有章鱼渔场，引进了用章鱼罐捕捞的技术。

毛里塔尼亚人捕捞章鱼，自己却不会吃，嫌章鱼恶心。章鱼在首都难得一见，在这儿总能买到吧？我告诉蒂贾尼"我想买章鱼"，他却不知道章鱼是什么东西。跟渔民说"我想买octopus（章鱼）"，他们也听不懂。画了个示意图，人家才反应过来：

"你问'噗噜噗噜'啊！今天的都发走啦，等下回吧。"

不过"噗噜噗噜"这个叫法也太可爱了，精准刻画了章鱼的特征。蒂贾尼还没搞明白，以为我说的是乌贼呢，下次带他看看实物好了。

车祸现场

在穆罕默德家里待了两天，蝗群却迟迟不肯现身。我们等得不耐烦了，毅然出征。

我问城口检查站的工作人员最近有没有见过成群的蝗虫。

"我们没见过，不过前两天有个卡车司机说，他看到一群蝗虫横穿公路来着。其他车上也有撞过蝗虫的痕迹。"

开车穿过蝗群，风挡玻璃便会沾满四分五裂的蝗虫。这是一条很有价值的线索。若真有蝗群穿越公路，地上很有可能留有被车碾死或撞死的蝗虫。通往首都的大直道上，定有"车祸现场"。我们决定一路寻去，每开一段就停车找一找。

走了约莫十千米后，我发现一株植物上挂着一片沙漠蝗虫的翅膀。这是蝗虫曾在这一带出现过的铁证。如果是一大群，肯定能找到大量的死尸。

我们继续前进，只见柏油路上散落着被车碾成了饼的蝗虫。把车停在路肩上，我们在周围逛了逛。路边确实有被车撞飞的蝗虫尸体，几乎已没入沙土。脸被撞烂了，腿也弯成了骇人的角度。不难想象，它是在蝗群经过这里的时候遭遇了意外。

风吹向沙漠深处。蝗虫有顺风飞行的习性。如果真有蝗群，就一定在这股风的前方。也许我日夜期盼的蝗群就潜伏在那里。

我们以风为线索，开始追赶未现真容的蝗群。殊不知，等在前方的是悲惨的结局——

蝗虫不幸遭遇车祸，横尸路边

消失的黑影

眼前掠过几团黑影，想必是落单的蝗虫。被车吓到的蝗虫接连起飞。真的有！蝗虫的数量正以肉眼可见的速度增加。蝗群离我们越来越近了。我强压着激动的心情，穿越无路可走的荒野。在不断升级的期待与紧张之中，我睁大眼睛，细细寻觅它们的藏身之处。

绕过挡住去路的巨大沙丘，视野豁然开朗。刹那间，我心潮澎湃。只见大量蝗虫成群结队，蜿蜒蛇行，如乌云般阴森可怖，直至地平线的尽头。超乎想象的诡谲景象惊得我说不出话来。片刻后，目瞪口呆便发展成了忍俊不禁。

"要怎么消灭如此庞大的蝗群啊！"

要鲁莽成什么样，才敢向这样的庞然大物发起挑战？我看着无边无际的蝗群，茫然无措。

蝗群滔天，直至地平线的尽头

我们连人带车冲进蝗群，试图近距离观察从后面飞上来的蝗虫。眼看着中指大小的蝗虫在离地面约三米的地方呼啸而过。为了离它们更近一点，我干脆爬上了引擎盖。蝗虫们发出骇人的振翅声，接连擦过我的耳朵。景象如此壮观，得赶紧用摄像机拍下来！

约莫 20 分钟后，蝗虫的密度逐渐下降。我决定追上先头部队。天知道这群蝗虫到底有多少只，我都不敢去数。

如果初见就是这样的大蝗群，我断然不会有"阻止蝗虫爆发"的念头。正因为无知，才能走到这里。难怪研究所的人都觉得我是痴人说梦。都没见过蝗群，何谈"解决蝗虫问题"？

可我要是解决了所有人都死心断念的难题，那该有多拉风

成虫大量飞来

啊！天底下还有比这更值得挑战的吗？！蝗群确实震撼，但眼前的景象也让我暗暗燃起了斗志。蝗群肯定也不是无懈可击的，就看我能不能找出它们的弱点了。

随着红日西斜，蝗虫陆续着陆。后续部队分批拥来。关于蝗群夜间行为的报告寥寥无几，其上笼罩着一层神秘的面纱。如果能查明它们爱在什么地方落脚，说不定能开发出人工引诱蝗群的技术。我决定将研究重点放在"蝗群对着陆点的偏好"上。看似朴实无华，却能为蝗虫的防治工作提供不可或缺的关键线索。

蒂贾尼想直接开车冲进着陆的蝗群。我连忙制止，让他停下。要是凑得太近，把它们吓飞了就麻烦了，还是在远处继续监视为好。天色渐暗，气温也在下降，蝗群今晚应该是不会起飞了。今后的几天怕是要紧紧盯着，寸步不离。为保万全，我们把帐篷设在了离蝗群略有些距离的地方。先吃晚饭，天黑以后再观察。

我们联系了调查小队，得知他们今天依旧毫无斩获，反而是我们先找到了这群蝗虫。吃晚饭时，蒂贾尼对我的推理能力赞不绝口：

"博士就是厉害！居然比经验丰富的调查小队还快！"

夜幕笼罩后，我悄悄摸去蝗虫歇息的地方。只见几只蝗虫扎堆窝在草木上。也许是因为气温下降了，它们没有要逃的意思，可以仔细观察。本想趁今晚轻轻揭开那层神秘的面纱，却不见大部队的身影。难道是一时激动走过了？我又往回退了几步，可还是不见蝗群的踪影。怎么会这样？我四处走动，拼命寻找。

潜伏于黑暗中的蝗虫

"咦？虫呢？怎么没影了啊！"

挂在帐篷上用作标记的灯已经跟米粒一般大了。那天偏偏没出月亮，害得我只能摸黑瞎找。蝗虫到底上哪儿去了？蝗群肯定是不见了。莫非蝗群在我们吃饭的时候再次起飞了？我认定蝗虫会老老实实安顿下来，疏忽大意，没有盯紧它们。再不想办法挽回，就白白浪费了这个难能可贵的机会。

急躁加快了体力消耗的速度。我在不知不觉中加快了脚步，不一会儿便精疲力竭。状态这么差，怕是没法专心观察了。要是在调查首日耗尽了体力，后续工作肯定会受影响，还是等天微亮后再出动为好。我当机立断，返回帐篷。关键时刻掉链子，实在是窝囊。睡一觉就好了……我怀着忧虑坠入梦乡。

次日清晨，代替闹钟的手机铃声将我从沉睡中唤醒。身体还有些乏力，但感觉好多了。借着微光外出探查，很快就找到了一处潜伏着大量蝗虫的地方。草木上尽是蝗虫，密密麻麻。

等待太阳升起的蝗虫

只怪我昨天晚上离蝗虫太远了，生怕惊动了它们，以至于在错误的地方彷徨了许久。一失足成千古恨，愚蠢荒唐的"目测失误"让我痛失观察蝗虫的宝贵机会。野外调查的严苛在这件事上体现得淋漓尽致。

耿耿于怀也于事无补。吃一堑长一智，下次观察时别犯同样的错误就是了。我虽已冻僵，却对眼前的骇人景象心醉神迷……

夙愿从指缝溜走

太阳渐渐升起，气温随之上升，但风还是很大。蝗群没有明显的动作，仍窝在草木之中躲避强风的侵袭。

到了下午，风势渐缓，风向也有变化，开始由南向北吹了。蝗群的一部分短途飞行数次，仿佛在热身一般。我走到蝗虫跟前，只见几只蝗虫跃入空中，其他蝗虫也陆续起飞。大批蝗虫

洗个蝗虫浴

腾空而起，宛如巨型生物。

"糟糕！是不是走得太近了？"

我们提前收好了帐篷，以便随时跟上。为了把握蝗虫的飞行速度，我吩咐蒂贾尼与飞行中的蝗虫并行。蒂贾尼一边用余光查看蝗虫，一边避开障碍物，方向盘打得出神入化，一展"音速贵公子"的风采。多亏了他，我得以从正侧面从容观察飞行状态下的蝗虫。

蝗虫优雅而有力地扇动翅膀，飞行时速约为 20 千米。一眨眼都飞了好几百米了，我从未见过持续飞行如此之久的蝗虫。它们正在向我展示无愧于"飞蝗"之名的飞行能力。按这个速度飞行 5 小时，一天的总飞行距离就是 100 千米。

蝗群继续飞行。眼看着它们越过来时的主干道，又越过了铁轨。由于没有道口，车无法穿越铁轨。我们把车停在铁轨跟前，直面汹涌而来的后续部队。它们全然不以为意，一眨眼便将我撂在身后。我正要拔腿去追，只听见蒂贾尼大喊一声：

　　"浩太郎，你在干什么！还记得铁轨的另一边是什么吗！"

　　我只得望着蝗群远去的背影，呆若木鸡。过了铁轨，就是雷区。我曾夸下海口，说有朝一日定要解决蝗虫问题，却连蝗群的一个弱点都找不到，甚至无法逼近它们。我在原地呆立了许久，直到蝗群远远地消失在地平线之外。明明为这一天赌上了自己的一切，却错失了千载难逢的机会。我是多么弱小无力啊……

蝗群飞越铁轨。铁轨的另一侧是雷区，常人无法追踪。谁能赐我一双翅膀！

没关系。你们尽管趁现在逍遥自在吧。假以时日，我定会和战友们积蓄力量，再次出现在你们面前。

我们垂头丧气地回到穆罕默德家。照理说应该还有机会遇到蝗群，可惜等了两天也没等到，只得先撤回首都。

调查小队多坚持了两个星期，奈何蝗群一去不复返。它们闯入了邻国的混乱地带，我们鞭长莫及，就此下落不明。

回到研究所后，我向巴巴所长展示了此行拍摄的录像。

"这规模也太小了，算不上'蝗群'。2003 年蝗虫爆发的时候，蝗群足有 500 千米长呢。"

万万没想到，我看到的竟连"蝗群"都算不上……"天谴"究竟有多大？我究竟把下半辈子押在什么东西上了？十年来日日观察的沙漠蝗虫，仿佛变成了一种完全陌生的生物。

成为昆虫学家的梦想危在旦夕，我却浑然不知，忙着用萝卜炖在努瓦迪布买的章鱼（萝卜里的酶能分解章鱼的肌肉纤维，使口感更柔软）。可惜蒂贾尼到头来还是无法战胜对章鱼的抵触情绪，一口都不肯吃。

第七章

流浪博士

注定的败北

32 岁那年冬天，我意识到嘴唇不是用来接吻的，而是用来品味悔恨的。没有收入，就是追求儿时梦想的代价。科研经费与生活费有保障的两年即将结束，明年之后的收入来源却迟迟没有着落。没有钱，就无法继续研究。岂止是坐冷板凳，连饭都要吃不上了。通往昆虫学家的大门，正被悄悄地关上。

怎会沦落至此？原因显而易见，只怪我压根没去找工作。我曾怀有一线希望，以为只要在非洲做出亮眼的成绩，就会有研究机构伸出橄榄枝，到头来却是一场空。

"我应该能闯出一片天地的……"

古往今来，"太把自己当回事"让多少人陷入了没有收入的窘境？我就是因此栽了大跟头。

如果蝗虫大爆发就好了……如果这两年做出了成绩……事

沉醉于没有收入的悲哀

到如今，再说"如果"又有何用。在凭实力说话的社会，弱者注定会被淘汰。一言以蔽之，自然与社会都没那么好混。我一直都在留意有没有好的研究职位开放申请，却找不到特别称心的，也没有广撒网到处申请，到头来是一封申请书都没发出去。

能走的路只有两条：要么回到日本，领着工资研究其他昆虫；要么留在非洲，在断了收入的情况下继续研究蝗虫。抉择的时刻越来越近了。

广大博士后心心念念地想着"就业"二字，忙碌了一天也要强打精神，睁大眼睛寻觅开放申请的职位。回日本找个机构待着，做个研究其他昆虫的博士后，工资就有了保障，但这并不是我真心想做的事业。留在非洲就没了收入，但可以做自己喜欢的研究。天平的一头是梦想，另一头则是生活。现在回头还来得及，手头还有 100 万日元的存款。在日本脚踏实地做研究，也许还能当上昆虫学家。可要真选了这条路，就算非洲在我离开之后闹了蝗灾，也没法立即赶赴现场了。不难想象，我到时候定会追悔莫及。放不下的梦想使人生暗淡无光，悔恨则会化作阴霾，久久笼罩心头。

在金钱面前，梦想和博士都是那样无力。存折一遍遍质问我，怎么会变成这样？

低头向前走

孤零零地坐在昏暗的房间里，开着电视却无心观看，只是一味瑟瑟发抖。怎么办？ Facebook 上尽是朋友与家人快乐出游的照片，一碗碗诱人的拉面更是扎眼，反衬出我的凄凉。翻不了身的悲哀叫人心累。这种时候找个靠得住的人聊一聊应该能好受一些。于是我立即去了一趟所长办公室。

巴巴所长一直都很关心我的前途。

"日本为什么不帮你一把呢？你这么勤奋，发了这么多论文，居然还找不到工作，简直岂有此理。每次闹蝗灾，日本政府都会援助毛里塔尼亚好几个亿，为什么不大力扶持本国的年轻科研工作者呢？用不着拿出几个亿，只拿出十分之一给你做研究，都会有很大的进展。他们怎么就不懂你的价值呢？"

所长的评价确实略夸张了些，但只要有一个人认可我存在的价值，就是极大的安慰。

"我要是肯放弃沙漠蝗虫，说不定早就找到工作了。日本几乎没有职位能让科研工作者在外国进行长期研究，想申请都没机会。要是入职了大学之类的机构，以后就很难来非洲了。我一直都觉得，研究蝗虫就需要像我这样的野外工作者长期驻扎在一线，也坚信这样的研究是很有价值的。我们的研究要是能开花结果，天知道能拯救多少人。

"在日本做研究的同龄人都在稳步发表论文，也相继找到了稳定的工作。不搞科研的朋友都已经结婚生子，在尽情享受他们的人生。我也不是不想体验这样的生活，但更想继续研究蝗虫。说句不知天高地厚的话，像我这样热爱研究蝗虫，而且年纪轻轻就有了丰富的科研背景的人，怕是不会再有第二个了。说不定我就是全人类的最后一个机会。很抱歉没法帮研究所拉到大笔经费，但今年也请让我继续留在这里吧。"

我无意扮演悲情英雄的角色，但也觉得总得有那么一两个科研工作者倾毕生之力研究蝗虫，否则就永远都无法解决蝗虫问题。万幸的是，我是打心眼里喜欢研究蝗虫，也坚信自己有巨大的潜力。考虑到日后有可能创造的价值，继续研究蝗虫就是我不可推卸的使命。哪怕把全身上下的缺点都算上，那也是瑕不掩瑜。

所长似有所感，说"给你看点东西"，用电脑放起了幻灯片。一张张惨不忍睹的照片出现在眼前。

"如果你觉得自己的收入太少，那她呢？"屏幕上出现了一个沿街乞讨的小女孩。

"如果你抱怨出行不便，那他们呢？"屏幕上出现了人们

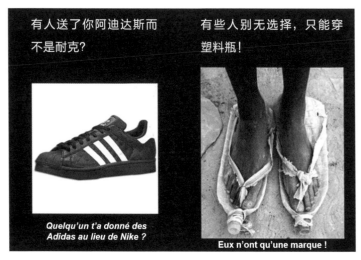

有人送了你阿迪达斯而
不是耐克？

有些人别无选择，只能穿
塑料瓶！

Quelqu'un t'a donné des
Adidas au lieu de Nike ?

Eux n'ont qu'une marque !

巴巴所长播放的幻灯片

穿越吊桥的照片。

有些人可以用电脑打字，有些人却只能把字写在沙地上。有些人买鞋子可以选耐克、阿迪达斯，有些人却别无选择，只能把塑料瓶压瘪了当鞋穿……

幻灯片还配了这样几行字："心怀不满时，不妨看看周围，感激自己所处的环境。我们是那样幸运，拥有的东西远比我们需要的多。为无尽的欲望画上句号吧！"

巴巴所长解释了他播放这组幻灯片的意图。

"听着，浩太郎。遇到困难的时候，别老盯着比你过得好的人。比来比去，心里只会更不好受。不如多看看过得不如你的人，感激自己的幸运。嫉妒使人疯狂。就算没了收入，你也没什么可担心的。我们研究所会继续支持你的，我坚信你一定会成功，只是需要一点时间罢了。"

他用力拍了拍我的肩膀，以示鼓励。

说起鼓励，我便想起了坂本九[1]演唱的励志金曲《昂首向前走》：

> 抬起头来向前走，
> 不要让泪珠一颗颗洒在胸口。
> 最难忘记春满高楼，
> 今夜只剩下我在等候。

昂首向前走，眼泪也许就不会落下了。但当你抬起头时，看到的都是比自己过得更好、更幸福的人。在那一刻，你会诅咒自身的不幸，备感凄凉。我的处境也很艰难，但世上有的是比我更苦的人。人家还没说什么呢，我就怨声载道，那也太没出息了。从今往后，我要在心灰意冷的时候低头向前走，哪怕泪洒当场，也要细细品味自己的幸福。

对啊，没有收入算得了什么？我反而应该将自己的惨状公之于众，让大家知道还有我这样的社会底层，这样就能让很多人产生幸福感了。不能天天躲在家里不见人！没有收入的人不是社会的累赘，反而能为大家提供源源不断的正能量！无收入

1　坂本九（1941—1985），日本歌手、演员。《昂首向前走》为其代表作，歌词描述了孤身一人在夜里徘徊的男子必须抬头向上望使眼泪不致落下的情景。

者万岁！巴巴所长就是厉害，竟能把一个钻牛角尖的人变得如此积极向上，这手加油鼓劲的功夫可真是绝了。我连忙感谢他的一番开导，庆幸自己来找他谈心。

从研究所的角度看，一个没有出头之日的博士后只是累赘。巴巴所长却经常鼓励我，为我指明前进的方向。与巴巴所长相识相知，是我来毛里塔尼亚后最值得庆幸的事之一。他肩负着保护毛里塔尼亚不受蝗虫侵害的重压，却不忘为像我这样的外国科研工作者送上鼓励。

为了让我住得更舒心，他在招待所门前栽了些花木。

"不是都说你们日本人没花就过不下去吗？"

他还在外界和我的房间之间增设了五道门，大大提高了招待所的安全性。保养得最好的车也留给了我，方便我外出调查。他总是那么细心体贴，成了我的坚实后盾。

我们的两颗心早已亲密无间。有些事没法跟父母兄弟说，却能跟巴巴所长聊。他在我心中的地位已是无可取代了。

穷博士直面考验

当时我还不敢确定自己到底有多想研究蝗虫。对巴巴所长说的那句"将下半辈子献给蝗虫研究"是流于表面，还是发自真心？我是想在惯性的驱使下继续研究碰巧捡起来的蝗虫，还是打心眼里想投身这项事业？

身处困境时，人难免会说丧气话，会不自觉地唉声叹气，内心的真实感受也会随着伪装被揭开而暴露无遗。眼下的困境正是一个绝佳的机会，能帮我认清内心深处不加掩饰的真实想法。

收入是断了，但希望并没有全部破灭。在法国逗留期间，我回了一趟国，悄悄参加了"国际联合研究人才培养推进援助事业"[1]的面试，被"国际农业研究磋商小组（CGIAR）"[2]的青年科研人员培养项目顺利录取。这意味着我将得到约 200 万日元的研究经费支持。

存款用作平时的伙食费，野外调查和蒂贾尼的工资就靠这笔宝贵的研究经费了。使出最后的绝招，也只够再撑一年。与其不声不响地混日子，不如放手一搏，奋力拼上一年。事到如今，还有什么好怕的？倾尽所有，想到什么就大胆尝试。只有这样，才能痛痛快快地放弃成为昆虫学家的梦想。不遗余力，不留遗憾。哪怕努力以失败告终，也要昂首挺胸地流落街头，来一场干净利落的败北。

对科研工作者而言，没法继续做研究无异于死亡。说来也真是讽刺，直到徘徊在这样的生死边缘，我才摆正心态，坦诚面对了自己。我可真是个半吊子。不过半吊子才更值得打磨。遇到的困难越大，就越能磨去我的天真，激发出深处的光芒。

规划今后的人生时，我意识到以往做的还远远不够。就这么继续做研究，也不可能在几年内完成一篇能让我找到工作的重磅论文。正在酝酿的点子有望开花结果，但这个过程太费时

---

1 由日本农林水产业国际研究中心（JIRCAS）主导的一项业务。
2 成立于 1971 年，旨在通过在农业、畜牧业、林业、渔业等领域，开展科学研究及相关活动，帮助发展中国家保障粮食供应，减少贫困人口。

了。如今的歌手也不是只会唱歌就行了，唱跳俱佳才能受到追捧。我若能在研究的基础上发展出一些别的特长与价值，也许就更容易再上一层楼了。

归根结底，只怪非洲的蝗虫问题与日本的日常生活相距甚远。对日本的公众来说，蝗虫就是个不痛不痒到极点的话题。要是广大日本同胞能认识到研究蝗虫的重要性和社会意义，要是能在日本营造出"我们需要蝗虫博士"的社会大环境，我还怕无路可走吗？在日本大幅提高蝗虫问题知名度的能力，也就是"宣传能力"，定能成为人无我有的优势。问题是，会关注蝗虫的奇人终究是少数派。我必须想办法让更多不同背景的群体对蝗虫生出兴趣。

怎样才能夺人眼球？只恨自己没有一技之长，过着比蜣螂更低调朴素的日子，赢得关注谈何容易。

被活跃在其他领域的人吸引时，我最先关注的往往不是他们的工作内容，而是他们本身。那我也可以让大家先对"蝗虫博士"感兴趣，然后就能顺道宣传一下蝗虫问题了。

对了！先把自己搞出名不就行了！

然而，沽名钓誉有违科研工作者的职业道德。经验告诉我，科研工作者做研究以外的事情，很容易给人留下不务正业的印象，进而被打上"不踏实"的标签。我一没发表过重磅论文，二没过硬的实力，成天上蹿下跳，网友们当然是喜闻乐见，但等待着我的定是同行们的白眼。在对手们稳步发表论文的时候停下来搞宣传无异于自毁前程。然而，想一招翻盘的弱者就只有这条路可走了。我做好了承担一切后果的思想准备，决意打

拍摄宣传照。在非洲住了两年，民族服装的上身效果越来越好了

破常规，从打响自己的知名度做起。

　　为了办理研究预算手续，我需要回日本一趟，可以借此机会做点什么。为掀起"蝗虫热潮"，我必须让日本的公众了解到蝗虫博士和沙漠蝗虫的存在。呕心沥血的努力还远远不够，非得拿出"飙血"的势头不可。既然成功率不足万分之一，那就在十万分之一的可能性上豪赌一把。直到经费用完，直到心血耗尽，说什么都要扭转乾坤！

　　我的科研生涯能否继续？决定命运的倒计时已然开始。

战败回国

　　在值得纪念的无收入首日，蝗虫博士在日本最大的书店之

——淳久堂池袋总店低调亮相。我在前一年年底出版了一本书，来书店就是为了办签售座谈会。我赶在活动的前一天回到了日本。

我生在乡下，长在乡下，座谈会都没见过几场，自己办的经验就更没有了。一个没有收入的人有何颜面去见工薪阶层的读者呢？真是愁死人了。

活动当天，责编田志口先生也赶来捧场。台下座无虚席，看得我是既高兴又难为情。我给自己加油鼓劲，决定用风趣幽默的发言活跃现场的气氛，穿着毛里塔尼亚的民族服装走上台去。本想配合着电脑放的幻灯片发言，舌头却动不动就打结。才说了没几句话，便意识到了不对劲——自己的日语竟已变得磕磕巴巴。身在非洲的日子竟在不知不觉中夺走了我的母语。再加上我本就有点东北口音，普通话说得不溜，使得整场座谈会听着都怪怪的。［"说"不利索，"写"也不利索。某次为读者签名的时候，我竟把人家名字里的"え"(e)写成了"ん"(n)。最要命的是，那位读者的名字写作"ちえこ"(千惠子)，怎一个惨字了得。[1]］

多亏观众们宽宏大量，座谈会圆满落幕，只不过我深刻认识到了自己的语言障碍有多严重。许多看过博客的粉丝赶来捧场，签售环节大排长龙。惶恐自不必说，却也是发自内心高兴。

"好嘞！今天让50个人多了解了一点点蝗虫！要保持住这

---

1 也就是说作者把"ちえこ"(千惠子)错写成了"ちんこ"(男性生殖器的俗称)。

在淳久堂池袋总店举办座谈会

粉丝给的慰问品大多是吃的。心怀感激带去非洲享用

个势头！"我为自己开了个好头而心满意足。就在这时，一个男人迈步走来……

他来自 *President*

"这是我的名片——"他递来的名片上，分明印着商业杂志 *President* 的名字。

"哦……幸会幸会，敝姓前野。"（*President* 这个名字倒是听说过，可你找我这么个跟商业八竿子打不着的人干什么呢？）

我打量着手里的名片，望向面前的儒雅绅士。

"是这样的，我想请你在我们杂志上开个连载。"

President 的责编石井伸介（现为苦乐堂代表董事）。不仅富有学识，长得还风流儒雅，令人敬仰

"啊？呃，我就是个没收入的穷博士……"（这人说什么梦话呢？）

President 是面向企业高管和商界精英的商业杂志。那本该是一个与没有收入的博士无缘的世界。见我一脸莫名，他——石井伸介先生继续说道：

"我看过你的书和博客，觉得蝗虫博士在非洲挣扎求生的经历很有意思。你大概已经习以为常了，但我相信你的经验一定能够启发日本的商务人士。"

让一个没有收入的窝囊废去启发商界精英？这人想出来的点子也太有挑战性了吧！我顿时对这个透着诡异的项目生出了兴趣。

其实石井先生并不是第一个如此提议的人，只是考虑到写稿必然会影响研究工作，之前的邀约都被我婉拒了。而他的提议杀了我一个措手不及，我一时间忘了推辞。

活动结束后，我们转战居酒屋。聊着聊着，我发现他确实是认认真真读了《孤独的蝗虫成群结队时》的每一页，还注意到了好几处我特别用心的地方，别人可都没他这么细心。

"哎哟，他好懂我！"

他能把别人的书读得那么透，还牢牢记着里面的内容，可太厉害了！怎么办呀，要不要答应他开连载呢？这可是向商界人士强行普及蝗虫问题的好机会。可我是个前途多舛的苦博士，收入还没着落呢……

见我如此纠结，石井先生使出绝招，递来一本书。那是一本小说，题为《苍茫大地的灭亡》（西村寿行，1978 年由讲谈社发行初版，2013 年由荒虾夷再版），讲的是一位昆虫学家在日本东北地区遭遇蝗灾、举国陷入恐慌之际挺身而出，力挽狂澜的故事。

故事的主人公和我一样毕业于弘前大学，还都是研究蝗虫的。多么可怕的巧合啊，我的人生就是这部小说的"真人版"。其实我在学生时代看过漫画版的《苍茫大地的灭亡》，深受其影响，还暗暗发誓：要是东北真闹了蝗灾，我一定要带头保家卫国。没想到还有小说版！（小说才是原著好吗？）好想看啊！一见到自己不了解的蝗虫情报，我的理智顿时被炸飞到了九霄云外。

"您要不介意我才疏学浅，我很乐意在贵刊连载！"

石井先生推我的最后一把看似是"贿赂"，但打动我的并非那本书本身，而是他的满腔诚意。一般人可没法如此打动一个初次见面的人。他都不知道我会不会答应，却还是投入了大量时间，为说动我做准备。而且没有表现出一丝一毫，全程泰然自若。真厉害……这人可太厉害了！我就这么稀里糊涂地拜倒在他的魅力之下。

石井先生和很多商界精英有来往，和他合作一定能学到很多东西。我真能搞定连载吗？心里着实没底，却实在是想跟他搭档看看。于是乎，《蝗虫博士的"本周巧思"》系列在 *President* 上正式开启连载。

最厉害的红笔老师

我们开始齐心协力，为每周 1600 字左右的稿件注入灵魂。

收发稿件时，石井先生总是将我这个社会底层的穷博士写出来的东西奉为"玉稿"，视若珍宝，悉心对待。天知道像其他人一样得到尊重，能让社会弱势群体的自尊心得到多大的救赎。

为什么改成这样更好？为什么要用这样的顺序？……在打磨稿件的过程中，他会向我解释每一处改动的用意，连助词的用法都不放过。

由于是第一次与研究蝗虫的科研工作者合作，石井先生的办公桌上出现了各种关于昆虫和非洲的厚重辞典。他会亲自推敲每个细节，对证查实，始终把读者放在心上，对文字更是百般打磨。他用实际行动向我展示了什么叫"对工作认真负责"。没想到世间竟还有如此了得的人物。

有一次，他带我去参加了一场名为"Book 'n' Roll"的交流会，与会者大多是出版业和书店行业的从业者。我有幸目睹了全国各地的明星店员各抒己见，激情探讨他们对书本的热忱与追求。全情投入的人就是最帅的，看着都叫人神清气爽。我都不知道当书店的店员原来这么酷。憧憬昆虫学家数十载，殊不知拉风帅气的工作又岂止这一种呢。

连载期间，石井先生总是尽可能迁就我的安排，生怕占用我做研究的时间，并尽其所能激发我的写作才能，对稿件悉心打磨。我能感觉到自己的写作水平在提升，而这会是一笔受用终身的财富。天底下再没有比他更奢侈的红笔老师了。我还跟他学到了比绢豆腐还细腻的关怀之心，以及实用的商务礼仪。

每周的交流成了生活中的一大乐趣。我对石井先生产生了绝对的信任，甚至敢把一切都托付给他。如此强大的盟友，定能助我挺过艰难的无收入时期。

沙漠蝗虫就此名扬商场，而我对工作的责任感与追求也在逐渐转变。

"niconico学术研讨会β"

宣传蝗虫问题的大好机会从天而降。我将受邀参加于幕张国际会展中心举办的"niconico 超会议"，在第四届"niconico 学术研讨会β"上登台发言。

挨个解释一下上面这句话里的生词吧。一言以蔽之，"niconico 超会议"是自卫队和首相这个级别的人都要来凑热闹的超级盛会，以"在人间（几乎）再现 niconico 动画的一切"为主旨。

由江渡浩一郎先生（现为产业技术综合研究所创新推进本部企划主管）担任委员长的"niconico 学术研讨会β"则是"niconico 超会议"的活动之一。各路野生专家齐聚一堂，没有专业和业余之分，通过互联网发布人人都看得懂的研究成果，堪称"新型"学术大会。普通的学术研讨会比较封闭，掏了钱才能参加，"niconico 学术研讨会β"却非常开放，是个活人就可以参与其中。

"niconico 学术研讨会β"也由一系列的小活动组成，其中之一就是"虫虫直播-昆虫大学转播站"。牵头人 Mereyama Mereco 与八谷和彦也是来头不小。前者是旅游博主兼昆虫大学校长，酷爱昆虫，有"昆虫界偶像"的美誉。后者则是媒体艺术家、PetWORKs 总裁以及东京艺术大学美术学部副教授，成功还原了《风之谷》中出现的小型飞机"海鸥"。

为大力宣传虫子的魅力，本次活动邀请了四位博士：专门研究喜蚁性昆虫（寄居在蚂蚁巢中的昆虫）的丸山宗利［现为九州大学综合研究博物馆副教授，畅销书《了不起的昆虫》（光文社新书）的作者］、"后山怪人"小松贵（现为九州大学热带农学研究中心特别研究员 PD）、"熊虫博士"堀川大树（现为庆应义塾大学先端生命科学研究所特聘讲师）和我。

我们都是朝气蓬勃的年轻科研工作者，尝遍了研究虫子的酸甜苦辣。除了丸山博士，其他人都在做博士后，对职位虎视眈眈。换言之，我们既是战友，又是对手。不过在活动当天，我们要携起手来，将日本公众拖进昆虫的世界。

听说本次研讨会将在 niconico 动画上直播，届时会有数万人在线观看。面对这个观众人数无限多的舞台，我不禁咽下一口唾沫。

问题是，去幕张国际会展中心也得花钱，几个嘉宾又都囊中羞涩。于是我们决定通过"READYFOR"网站众筹虫子博士们的路费和住宿费。

在两位活动牵头人的指挥下，我们放手一试，请广大网友慷慨解囊。众筹页面上放了我 cosplay《龙珠》主角悟空的照片。求人帮忙是不是应该更严肃一点啊……我心里七上八下。不过多亏了生意人的商业敏感度、虫子博士们的魅力（？）和重口味粉丝们的大力支持，我们在一夜之间完成了既定目标 40 万日元，最后总共筹到了 78 万日元。

押忍！[1] 33 岁的穷博士独自 cosplay《龙珠》主角悟空

　　居然有这么多人愿意支持虫子博士！我着实吃了一惊。大家都帮到这个份儿上了，我们又岂能退缩，得让观众们尽情领略虫子的魅力。

　　我将这场"niconico 学术研讨会 β"视作扭转人生的关键一战，企图使出浑身解数，把观众统统变成蝗虫发烧友。

　　丸山博士和小松博士都是专业的摄影师，肯定会以精美的照片和非凡的观察力宣传虫子的魅力。熊虫素有"地表最强生物"的威名，熊虫博士定会最大限度地展示熊虫的过人之处。他还设计了一款名为"熊虫先生"的吉祥物，推出了周边毛绒玩具，在各领域持续发力。

1　柔道术语，非正式的寒暄。

蝗虫小子该怎么办呢？太拘谨不行，太随便也不妥。如果是普通的学术会议，用专业术语就行了，反正与会者都是相关领域的专家，但这次"坐"在台下的是没有具体属性的公众。所以我的演示要尽量贴近大家平时经常接触的东西（好比电影、漫画、电视），这样就不会把观众吓跑了。为了给挑剔的网民们带去新鲜感，还得拿出点压箱底的珍藏录像。

　　没有一腔热血，就无法打动观众。有故事情节的热血纪录片风格应该会比较讨喜。为打造出完美的幻灯片，我咨询了从事平面设计工作的弟弟拓郎，请他参谋参谋配色和文字的位置。然后就是埋头苦练。万一在这样的大舞台上出了丑，心中定会留下毕生无法愈合的伤口，甚至有可能威胁到科研前途，所以我每天晚上都对着镜子反复排练。只许成功，不许失败！

"niconico 学术研讨会 β 虫虫直播"现场。从右到左分别是 Mereyama Mereco、丸山宗利博士、小松贵博士、前野、堀川大树博士（摄影：石泽 Yoji）

会场所在的幕张国际会展中心人头攒动

　　活动当天，Mereco 女士以高超的话术和动人的嗓音，引导表现得跟播出事故有得一拼的虫子博士们各抒己见。演讲是现场直播的，能看到一条条实时评论在屏幕上飘过。我们还目睹了 nico 的特产"弹幕"——当会场气氛火热时，屏幕另一头的观众也会参与进来，大量的评论瞬间填满屏幕。

　　虫子博士的演讲将现场气氛推向高潮，让广大观众尽情领略了昆虫研究的魅力。"虫虫直播"大受好评，圆满成功。

　　喧闹后到来的并非寂静。夜里的"niconico 学术研讨会β"更为火爆。一会儿被打扮成僵尸的小姐姐们调戏，一会儿企图触摸"少儿不宜萝卜"（在萝卜上安装传感器，一摸萝卜，它就会发出娇喘声）的发明者市原悦子女士而非萝卜本身……

生日蛋糕惊喜登场，Mereyama Mereco（左）和主持人 Barimi（右）笑开了花

时尚设计师大冈宽典先生说"有个人一定要介绍给蝗虫博士认识"，原来是"袖中 iPhone"（把 iPhone 装在胳膊上，可以随时弹出来）的发明者森翔太先生。我果然和他一见如故，当场拜了把子。好一场热闹纷呈的跨行业交流。

　　大伙儿闹得天翻地覆时，大 boss 江渡先生送上惊喜。原来今天是 Mereco 女士的生日，他提前备下了生日蛋糕。他要筹备这么大规模的活动，还把人家的生日记在心上，多体贴啊。这段时间我也跟 Mereco 女士见面洽谈了好多次，可完全没想到这茬。肯定是因为江渡先生足够细心，这个大项目才能顺利推进。这么帅的男人上哪儿找啊！我暗暗发誓，有朝一日也要用这招让人心醉神迷。

人的型变

回国期间，我与许多人产生了交集。在交流的过程中，我发现他们的职业可谓五花八门。学校教师、报社记者、编辑、工程师、插画家、政府官员、媒体人、公司老板……

本以为研究蝗虫的科研工作者是一种跟日本无缘的职业，没想到这个名头其实好用得很。他们告诉我，我追逐梦想的模样能为小学生、初中生和高中生带去希望。去撒哈拉沙漠消灭蝗虫的决心则充满了冒险精神。解决造成非洲农业损失的蝗虫问题将带来巨大的经济效益，如果是日本的科研工作者完成了这一壮举，便又多了一层为国际社会做贡献的意思。

我不过是看着蝗虫犯花痴罢了，可是在旁人看来，我的事业也有魅力四射的一面。只要有意识地展示出来，就能大大提升这项事业的意义。多亏活跃在各界的人们献计献策。我发现只要稍稍调整思路，蝗虫研究就有望发展成一枚与社会契合的齿轮。

蝗虫研究的实质内容并没有变化，但只需换个方法加以表现，就能凸显出它在社会中的重要性。只要我有意识地为蝗虫研究添加各种各样的属性，日本社会应该就会越来越重视这项研究。蝗虫会型变，以最合适的"型态"适应周边的环境。作为一名科研工作者，我恐怕也需要来一场型变。拥有丰富多彩的"人态"，也许就是开辟生路的关键所在。

在研究领域落后了几步是不争的事实，但远路并没有白绕。多亏各界友人的提点，我掌握了推进研究的利器，成功化身为一名自信且坚定的穷博士。

不幸的滋味

在"niconico 学术研讨会 β"上当众宣布自己没有收入，在 *President* 杂志启动连载后，我切身感觉到博客访问量和热心粉丝的数量明显增加了，知名度迅速提升。在大舞台上的发言显然在这个过程中发挥了一定的作用，可蝗虫怎会有如此高的关注度呢？是蝗虫的哪个元素吸引了大家？只要能锁定原因，还怕得不到关注吗？

话说引人注目的手段都有哪些呢？放眼自然界，昆虫都无法拒绝甜美的花蜜和树汁。人也一样，容易被甜言蜜语和有利可图的事物吸引。甜食更是人见人爱。

灵光乍现——俗话说"别人的不幸甜如蜜"，莫非大家就是被我遭遇的不幸引来的？经验告诉我，比起普通的笑话，自嘲卖惨的段子"笑果"更好。作为当事人，我当然想少受点罪，可若能博人一笑，遭遇不幸倒也不全是坏事。

想通这个道理之后，每次碰上倒霉事，我都会暗暗叫好，心想"这下又有新段子了"。真没想到，不幸的滋味竟会随思路剧变。粉丝们的关注更是暖心。粉丝的存在，为独自在异国他乡闯荡的我打了一针强心剂。在网上发帖可以收到实时的反馈，对心理健康也大有助益。

人红是非多

"你出名啦！"——跟我说这话的人渐渐多了起来，我却觉得不太舒服。"想出名"算是"名欲"的一种吧，可我又不是为了出名才做研究的，反而是为了做研究才想办法出的名，可惜很多人不了解这背后的苦衷。

许多人是真心支持，但也有想"利用"我的人找上了门。照理说人家提供了露脸的机会，本该高兴才是，可被人一次次当作招揽生意的"奇珍异兽"还是让我备感屈辱，气得瑟瑟发抖。

"拿了赞助，就带我在毛里塔尼亚转转吧。"

"安排几个姑娘陪你，让我采访一下呗。"

"给你个上电视的机会，打扮成蝗虫的样子来吧。"

一句诽谤中伤比无数鼓励都扎心。据说出名导致的诽谤中伤叫"名人税"。渐渐地，我都不敢点开邮件了。

我为什么要受这种罪？对手们都在稳步推进他们的研究，可我在瞎忙什么啊？不过是稍微开了个"小差"而已啊。没钱没势，就没有资格做研究了吗？真能等到这段经历发挥作用的时候吗？不，在那一天到来之前，我必须先不惜一切代价活下去。

"领着工资在非洲研究蝗虫"又岂是随随便便就能实现的梦想。吃点苦是理所当然的，却不知这份信念还能坚持多久。内心已是伤痕累累，随时都有可能倒下，全靠倾注于"乌鲁德"之名的念想苦苦支撑。

我怀着期待与焦虑，再次奔赴前途未卜的毛里塔尼亚。只盼着这不会是人生中的最后一次毛里塔尼亚远征——

紧要关头的魔术师

紧张成了夏日的主旋律。蝗虫尚未在毛里塔尼亚现身，我却已陷入绝境。除了 *President* 杂志上的连载，还有学术研讨会上的报告要准备——因为我将远赴中国，首次参加国际直翅目昆虫学大会。

大会每四年召开一次，研究蝗虫、蟋蟀等直翅目昆虫的各国科研工作者齐聚一堂，交流学习。巴巴所长在最后关头因故无法成行，于是我得替他参会，就"蝗虫与宗教、文化"这一主题做报告。此外，我还要在由美国合作伙伴惠特曼教授主办的研讨会上发言，在法国做的研究也要做相应的汇报。明明是首次亮相，却要一口气讲三场。一场演讲就够累人的了，三场一起来，可不得忙得昏天黑地嘛。

更要命的是，巴巴所长还给我出了道难题：

"毛里塔尼亚要申办下一届（2016年）国际直翅目昆虫学大会，你帮忙拉拉票吧。"

各个申办国要在大会前一天举办的委员会上进行申办演讲，改日再投票决定举办地点。上次在土耳其开会的时候，毛里塔尼亚也申办了，可惜最后输给了中国。换言之，我得像申奥大使那样，在世界顶尖的蝗虫专家面前为毛里塔尼亚游说拉票。千钧重担，压得我喘不过气来。

就在这个紧要关头，邮箱里多了一封来自京都大学的电子邮件。

2013 年度京都大学"白眉计划"书面筛选结果

邮件里写着，我通过了第一轮筛选，进入了第二轮面试。我这才想起自己确实趁着回国的机会提交了申请。

逗留毛里塔尼亚期间，我经常通过 Skype 和分散在世界各地的海外博士后们聚会。聚会的发起人是研究锹型虫的后藤宽贵博士（现为名古屋大学特聘助教）。对日语如饥似渴的博士后们利用难得的机会汇报近况，交流海外生活的心得。

事情要从我断了收入之前说起。当时我听说走海外学振制度去了荷兰的细将贵博士（研究蛇类和蜗牛的攻防战，现为京都大学白眉中心特聘助教）被京都大学的白眉计划录取了，4月就要去京都做研究了。

白眉计划旨在培养年轻的科研工作者，一旦被录用，就会被授予助教或副教授的头衔，却不用上课，可以专注于自己的研究。任期五年，收入稳定，而且每年还能拿到 100 万～400 万日元的研究经费。没想到天底下还有这种堪比天堂的制度！

这制度实在是太美好了，惹得我不由得感叹"好羡慕京都大学的毕业生啊"。结果人家告诉我，不管你是哪所大学毕业的，不管你研究什么领域，只要有博士学位就能申请（即将取得学位的也行）。

"这可太妙了！但竞争一定很激烈吧？"

怎么可能不激烈呢。每年最多招 20 人，只有 1/30 的幸运儿能被录取。据说被录取的人都是其研究领域的佼佼者，在一流期刊上发表过论文。我没有重磅论文，被录取的希望十分渺茫，但还是抱着死马当活马医的心态提交了申请。

由于实在没抱什么希望，一忙起来我就把这事忘得一干二净了。哪怕过了第一轮，竞争也依然激烈。我八成是个凑人头的，校方大概也只当我是个"大老远从非洲跑来面试的人"吧。

可万一被录取，就能告别没有收入的烦恼了，还可以继续在非洲研究蝗虫。我这个势利眼顿时就来了劲。但面试怎么偏偏就撞上了最忙的时候呢？

之后的日程是毛里塔尼亚（连载）→中国（大会）→京都（面试）。其中最重要的当然是准备面试，但君子之约在先，连载和大会也不能撂下不管，我不得不绞尽脑汁，琢磨这道关于时间的难题。

参会期间肯定是没法写稿的，所以我跟石井先生商量了一下，决定一次性交三周的稿件。大会上的报告也得准备起来。

淳久堂书店的那场座谈会让我深刻体会到，在国外住了一段时间以后突然回国，很容易患上"说不出日语"的毛病。所以我请石井先生在临近面试的时候采访我一下，权当是激活日语。

离面试还有一个月。人生成败，在此一举！

京都大学白眉计划·伯乐理事会

"白眉"二字取自中国三国时期的蜀汉官员马良。马家兄弟五人，皆有才名，而眉毛中有白毛的四子马良最为出色。乡里便有谚曰："马氏五常，白眉最良。"久而久之，人们便开始用"白眉"指代"优秀的人里最优秀的那一个"了。

不过话说回来，面试的目的究竟是什么呢？当然是为了实际见一见申请人，评估一下无法通过书面资料判断的性情、能力与干劲。

白眉计划的面试工作由"伯乐理事会"主导。"伯乐"的原意是"善于鉴别马匹优劣的人"，现在则用于指代"善于发掘人才的人"。

古人云，"千里马常有，而伯乐不常有"。

伯乐理事会里不光有京都大学自己的人，还有教育界人士、政府官员与企业高管，个个出类拔萃，谁都骗不过他们的慧眼。

面试共有两轮。先由伯乐理事会的数名委员面试，再和京都大学校长松本纮（现为理化学研究所理事长）一对一面谈。我的业绩不如对手，必须在面试环节力挽狂澜。不出奇招，绝无胜算。

话说我在电视上看到过一个拉风到极点的面试故事。记忆略有些模糊，大致情节如下：札幌啤酒当年请巨星三船敏郎拍了一支广告。广告中的他全程保持沉默，最后才说了一句"真汉子就该闭嘴喝札幌啤酒"，然后举杯痛饮。就在电视台播放这支广告的时候，有个男生参加了札幌啤酒的入职面试。无论面试官问什么，他都沉默不语，拒不回答。面试官愤而发问："你怎么不吭声呢！"男生立刻回了一句："真汉子就该闭嘴喝札幌啤酒。"他就靠这一句话拿到了 offer。

面试是短暂的，一眨眼就结束了。可若能演绎这样一场堪称传奇的面试，面试本身就会成为受用终身的名片。不在面试中给面试官留下深刻的印象，就不可能逆势翻盘，赢过那些在《自然》《科学》等顶级期刊发了论文的对手。

夜半时分，我绕着招待所散步，苦思冥想，终于想出一则妙计。只不过这法子太不正经了，是一场危险的豪赌。不管要不要付诸实践，先上亚马逊订购秘密武器，寄到秋田的父母家备用。

真！白眉

好不容易熬过了在中国的国际研讨会，接下来转战京都接受命运的审判。为免迷路，我提前一个小时来到面试会场，没想到在休息室遇到了认识的前辈——越川滋行博士（他的研究课题是"果蝇的翅膀花纹是如何形成的"）。

前："哎哟，好久不见！什么风把你吹来了！"

越："唉……真不想在这儿见到你啊。"

前辈的这句话听得我心头一凉。他也是研究生物的，所以在这里我们是竞争对手的关系，不是你死就是我活。现在可不是为久别重逢欣喜雀跃的时候。越川前辈也在世界顶级科学期刊《科学》上发过论文。白眉计划的竞争果然和传说中的一样激烈，得跟这个级别的超人正面厮杀。对不起啊，前辈，可我是非赢不可。秘密武器就揣在口袋里。

本以为面试会场会被杀气笼罩，没想到大家三五成群聊了起来，挨个介绍自己来自哪里，在做什么研究。在场的每一个人肯定都面临着生死存亡的危机，却表现得如此淡定从容，看来是胸有成竹啊，越看越觉得每个人都不容小觑。可我也不是来当炮灰的。

离面试开始还有十分钟，我徐徐走向厕所"做准备"。

我想出来的妙计就是打造出一对真实的"白眉"，与"白眉计划"相呼应，掏出提前订购的专业化妆粉，把眉毛涂成白色，让自己在外貌层面完美契合"白眉科研工作者"。

据说当面试官需要在两个难分伯仲的面试者中做出选择时，命运的分水岭就藏在非常微小的细节中。100个申请人站在你面前，谁最有"白眉科研工作者"的范儿呢？那当然是顶着白眉毛的人啊！我上网查过，知道所谓的"白眉"其实是眉毛里长着斑驳的白毛，所以刻意没涂均匀，确保细节足够逼真。

涂着涂着，负罪感涌上心头。

"对不起啊，越川前辈，落选了也别恨我。我是无论如何都想活下去啊……"

其实我涂白眉毛是另有所图——既然面试官是"伯乐"，那就一定能看出我有"在重要场合犯傻"的勇气和幽默感。京都大学素来重视思想维度的自由，肯定会理解我的真实意图。我知道这是一场豪赌，却决意放手一试。

"瞎闹什么呢？洗把脸再来！"真惹恼了面试官也不怕。我在外套口袋里藏了条小毛巾，卸妆也是提前操练过的，保证擦上十秒就能卸得干干净净。

万事俱备，是时候决一死战了。

面试 VS 伯乐理事会

"报告。"

伴随着一声爽利的招呼（差点把我自己给迷住），我迈入面试的房间。进房间的流程是我反复排练过的。不出所料，伯乐委员们都是些看起来有头有脸的人物。本以为会发怵，却发现自己并不紧张。也难怪啊，我有的是在农林水产省、外务省、经济产业省、企业高管和学界泰斗面前发言的经验，当然不会怯场，可以泰然自若地接受面试。

面试在和谐的气氛中进行。我的申请表就放在委员们手边。在"申请理由"一栏我真情流露，原文如下：

> 虽有其他项目援助的研究经费，但我目前没有收入。公众没有认识到蝗虫研究的重要性，这令我深感悲愤。我一直在寻找一个无须担心财务问题也能尽情从事蝗虫研究，最终取得杰出的成果，争口气给世人看看的平台。为了继续研究蝗虫，也为了实现自己的野心，我申请了白眉计划。白眉计划定将穿起现在的我和未来的我，是我日后成为世界级蝗虫专家必不可少的存在。
>
> （摘自《京都大学新生代科研工作者培养援助事业"白眉计划"提案书》前野·乌鲁德·浩太郎）

面试官问起了申请动机，这也算是面试必问的问题之一了。除了申请表上写的，我还向面试官们强调，自己已经做了能想到的一切，而白眉计划是现阶段实现梦想的唯一途径。

我告诉伯乐们：我在淳久堂书店办过座谈会，上过"niconico 学术研讨会 β"，在 *President* 上开了连载，致力于打响蝗虫的知名度，也为提升公众对蝗虫问题的关注做了许许多多。

我还跟小林淳先生（株式会社 i-DEAL 总裁，他领导着一群营销宣传方面的专家，在互联网上巧妙地发布各类信息，帮助日本产品走出国门，远销海外）学了几招，在网上大力宣传蝗虫研究的重要性——之前临时回国的时候，我在六本木的一家酒吧偶然结识了小林先生。得知日本武士孤身闯荡非洲，为解决蝗虫问题不懈奋斗，他大受感动，总是在我最需要的时候给出恰到好处的建议。

不仅如此，我还通过"niconico 学术研讨会 β"认识了冈田育女士（编辑、作家、评论家），而她的上司是 IT 企业的经营顾问梅田望夫先生（MUSE Associates 总裁）。我请他带我走访了位于霞关的相关政府部门，直接向日本的政坛中枢呼吁蝗虫问题的重要性。

在如今的我看来，"没有收入"反而成了一项优势。天底下有的是没收入的博士。可不惜断了收入，也要留在非洲做研究的博士又有几个呢？"没有收入"反而变成了凸显我对研究有多热衷、多认真的强大武器。

忙碌让我无法充分准备面试，所幸平时为摆脱没有收入的窘境所做的一切努力都为这次面试铺平了道路。

伯乐们果然厉害，提问都不带停的。他们定能看清我的优点和缺点。伯乐面试就此落幕，我也没留下任何遗憾。

就剩下和校长的一对一终面了。

面试 VS 京都大学校长

我坐在走廊的椅子上，等候工作人员的引导。在休息室的时候，别的申请人说起"校长会问一些非常刁钻的问题"。得做好思想准备才行……不，也许是对手们在玩心理战。不要被人牵着鼻子走，直面挑战就好。工作人员叫了我的名字，将我带去一个昏暗的房间。松本校长正在看我的申请表。只见他缓缓抬起头来，面试悄然开始。

校长的面试以英语进行，我每次回答问题，他都会做些笔记。

今年是"白眉计划"公开招募的第五年。这些年来，松本校长已经面试过数百人了，不过来自毛里塔尼亚的申请人应该还是头一个。

"你在毛里塔尼亚待了几年了？"

好一个简单朴素的问题。

"今年是第三年。"

校长此前都是做好记录就立刻抛出下一个问题，可是听完我的回答，他猛地抬起头来，盯着我看。

"不难想象，在如此严苛的环境下生活和研究有多么艰难。同为人类，我由衷感谢你的付出。"

一句话，就让我险些落泪。我还没取得像样的成就，没到被人感谢的地步。但这些年来，我也确实吃了不少苦，而堂堂京都大学校长看透了这一切，肯定了我的付出……隐忍多年的情绪差点决堤。回答之后的问题时，我不得不强忍着泪水。

多有格局的感谢啊。不把天下事看成切身之事，就断然不会说出这样的话来。更何况对方是京都大学校长，而我不过是区区博士后，是他在面试我。这样的大格局肯定建立在广阔的视野和他自己经历过的风风雨雨上。京都大学校长的层次就是不一般。

真想来京都大学和更多的人交流学习啊。要是能被白眉计划录取就好了。就算最后没能如愿，松本校长的那句话也为我注入了勇气。怎能就此放弃！

面试一眨眼就结束了。我何德何能，竟能亲历如此感人的面试。

挣脱了紧张的束缚，我才回过神来。怎么没人提起我精心打造的白眉啊！本以为面试官们的反应不是吐槽就是发火，却没想到还有"视若无睹"这个选项……京都大学，恐怖如斯。

先一步结束面试的越川前辈在会场门口等着我。多亏他注意到了白眉，让我着实松了一口气。

前辈也是大老远从美国赶回来的，于是我们结伴返回东京，赶往成田机场。我们在新干线上畅想，要是都能被白眉计划录取该有多好啊。往年似乎并没有出现过同一届录取多个研究领域相近的人的情况。搞不好还有其他研究生物的人参加面试，我们双双落选也是完全有可能的。

无论如何，两个研究生物的人同时被录取的可能性微乎其微。我们祝对方好运，回到了各自的战场。我得在毛里塔尼亚等待面试的结果。

好处羊

回国期间，毛里塔尼亚下了大雨。已经有人在最先下雨的南部地区看到了蝗虫。有消息称非洲大陆东侧（毛里塔尼亚对面）出现了蝗群，紧张情绪顿时笼罩了这片土地。我的时代即将来临。

随着蝗虫的出现，*President* 杂志上的连载圆满落幕。

研究所的职员们表情严峻，一旁的我却在拼命憋笑。我也希望非洲人民能过上和平美满的日子，却又暗暗期盼人们遭遇蝗虫的威胁，好不罪恶。为了解决蝗虫问题，我无论如何都需要和蝗群正面交锋。考虑到非洲的粮食问题，蝗虫能消停点当然是最理想的。但消停一时，就意味着人们不得不久久生活在蝗虫的阴影之下。只盼着蝗虫在我待在毛里塔尼亚的时候爆发，为永久的和平添砖加瓦。

对我而言，大雨无异于上天的恩泽。天一下雨，我就会冲到屋外给老天爷加油鼓劲："下得好！加油加油，多下点，再多下点！！"一把年纪的人了，还冲着天空大喊大叫。

我的诚心祈雨终于打动了上天。雨水滋润了沙漠，招来了蝗虫。全国各地都有人目击了蝗虫。

成年蝗虫可以长途飞行，一天飞上 100 多千米都不成问题。在追赶它们的同时喷洒杀虫剂简直难于登天，所以防治蝗虫的铁律是，趁它们还是机动性较低的若虫时出手。

从虫卵孵化而成的若虫到成虫，中间有不到一个月的缓冲期，因此尽早发现蝗虫至关重要。在沙漠中巡逻的调查小队每天都会通过无线电向研究所的广播站汇报蝗虫出没的情况。

蝗虫研究所的职员不过百人，毛里塔尼亚又有三个日本那么大，根本管不过来。盯的人越多，发现蝗虫的概率就越高，所以研究所会提前给分散在全国各地的游牧民和村民发放专用手机，请他们一发现蝗虫就立即提供线索。

搜集情报是蝗虫防治工作的重中之重。毛里塔尼亚全民通力合作，织起了一张"蝗虫情报网"。我也运用这张网重启了与蒂贾尼搭档的野外调查。没想到，一个严重的问题挡住了我们的去路——

"浩太郎，西北 300 千米处发现了一群若虫！"

在现场迎接我的却是遍地死尸。

原来蝗群已经被防治小队杀灭了。

"蒂贾尼！我的蝗虫呢！死虫有什么用！见不到活虫要怎么调查啊！"

蒂贾尼联系总部帮我投诉。原来是主管对防治小队下了命令，赶在我前头杀灭了蝗虫。我们赶 300 千米的路，可不是为了看死虫啊。

我们通过总部打听到了另一处候选地。谁知赶过去一看，又晚了一步。

"怎么搞的，又是这样！"

深入调查的机会泡汤了，我自是怒火中烧。本想观察活的、自然状态下的蝗虫，研究所却大杀特杀，干扰研究。慢着！天哪……我的头号劲敌，竟然是东家蝗虫研究所！事到如今，我

死于杀虫剂的若虫

才意识到问题的严重性。要是好不容易盼来的蝗群都被研究所灭了，还怎么做研究啊，必须想想办法。

自己找蝗虫也不是不行，可这招费时费油，就算花了几天找到了，在体力耗尽的状态下投入调查也绝非上策。

在空手而归的路上，我跟蒂贾尼一通抱怨。

"蒂贾尼，他们知不知道观察蝗虫对科研工作者有多重要啊？这么天天喷杀虫剂，也没法让毛里塔尼亚摆脱蝗虫的威胁。出现新的蝗群，就只能继续喷药。让我多观察蝗虫，说不定能找出不用杀虫剂的防治方法，他们却偏要抢在我前头动手！"

"我知道啊，可惜那些职员不懂博士有多聪明。"

研究所的职员到处杀灭蝗虫，也不过是想守护祖国的和平，无可厚非。

"这辆车的无线电也能直接联系上外出执行任务的调查小队吧？能不能提前打声招呼，让他们下次看到蝗虫的时候立刻通知我？"

"Possible."（倒是可以。）

第二天早上，我让蒂贾尼打听了一下，得知眼下最炙手可热的蝗虫高发区是巴迪（详见第一章）的小队在管。

站在调查小队的角度看，"通知我"显然是职责以外的麻烦事，是个人都懒得给我通风报信。所幸日本人想出了一套专门针对这种情况的特殊方法，足以打破僵局，让对方行个方便。没错，就是"送礼套近乎"。我要以"礼"服人，跟调查小队搞好关系，换取蝗虫情报。

毛里塔尼亚人最爱的礼品当属山羊。办喜事也好，搞纪念活动也罢，山羊都是一等一的待客佳品。

对普通人来说，山羊肉无异于奢侈品。因为买一只羊要足足一个月的工资。城里的肉铺卖小块山羊肉，买起来倒也方便，可大漠之中没有冰箱，无法长时间储藏肉类。养活羊就能解决这个问题，随时都能吃到最新鲜的肉。

调查小队共有十来个队员，据说他们会从每个月的工资里拿一部分钱出来，存进小队的"山羊肉基金"，攒够了钱就派代表去附近的村子买羊。平时不存钱的毛里塔尼亚人肯为了一口山羊肉做到这个地步，我要是奉上活羊，定能迅速拉近双方的距离。

山羊市场

山羊贩子。山羊们规规矩矩地排成一列，自我展示，殊不知自己即将沦为盘中餐

山羊的价格视体形而定，一只大概是 1 万日元。对没有收入的穷博士而言，这着实是一笔肉痛的开支，奈何情势所迫，非买不可。送相对便宜的山羊肉倒也不是不行，就是太小家子气了。还是痛痛快快送人家一只活羊吧！

前往巴迪负责的区域前，我们去了一趟郊外的山羊市场。牵着几十只山羊的汉子齐聚广场，顾客也挤在里头，可谓人声鼎沸。

贩子们都没给山羊戴项圈，山羊却乖乖待着不跑，看得我啧啧称奇。原来山羊对饲主很是顺从，又爱跟同类扎堆，所以没机会看到卖羊的大叔高喊着"给我站住！"追赶山羊的画面。

山羊市场没有"定价"的概念，价格一律面议。我这个外

和山羊贩子谈价钱的蒂贾尼。能便宜多少是多少！

国人出面，小贩定会狮子大开口，所以得请蒂贾尼出马。

抵达市场后，我就躲在车里不出来，让蒂贾尼独自跟小贩谈价钱，谈妥了再来叫我付钱。如此一来，就能用本地人的价格买到山羊了。

"你耍赖！外国人买可不是这个价！"

"Non（不）！不按这个价钱来，我们就不买了！"

争执不下的情况也是有的，但问题不大。小贩要是死活不肯卖，我们就撂下一句"好吧，那就算了"，假装去找别的卖家。见状，对方定会急忙追来，勉强答应。

卖家笑开了花，往往意味着我们被宰了。成功压下价钱的时候，我都会奖励蒂贾尼。这样蒂贾尼砍起价来会更有劲头，我也能以更实惠的价格拿下山羊。

"咩——咩——"，离群的山羊似乎猜到了自己的结局，发出凄惨的叫声。这画面简直是《多娜多娜》[1]的写照，叫人于心不忍。

小贩得把拼命挣扎的山羊装上车，但他们无须使用任何工具，就能让山羊乖乖就范。先让山羊四脚朝天，再把腿拧起来。一套关节技[2]使下来，山羊就站不起来了，想运去哪儿都行。车的货架自不用说，搬上屋顶都不成问题。

顺便一提，毛里塔尼亚的山羊肉有鲜嫩多汁的，却也有硬得要命的，嚼一天都不烂。我一直都很纳闷，明明都是山羊，

1　在世界各国传唱的意第绪语歌曲，描述了一头名叫"多娜"的牛犊被牵去市场宰杀的情景。

2　一种擒拿术，固定并压迫关节，以造成对方关节过度伸直。

汉子们忙着准备山羊的饲料（瓦楞纸板）

肉质怎么会差那么多？原因可能在于饲料。因为我在市场看见有人拿撕碎的纸板喂羊。山羊们也很给面子，争着吃纸板。我是不知道纸板有多少营养，可总觉得吃草长大的羊应该会更柔嫩一点吧。

言归正传。我们载着山羊，与巴迪的小队会合。用"Salam alaikum"（阿拉伯语：你好）打过招呼后，我给蒂贾尼使了个眼色。蒂贾尼心领神会，立即展示了车上的山羊，说"这是浩太郎送你们的礼物"。

一见山羊，队员们顿时激动万分，放下手头的工作冲了过来。大伙排成一列，带着灿烂的笑容挨个与我握手。毛里塔尼亚人果然对山羊情有独钟。不过队员们的性情也真够爽快的。

沙漠厨房，正要炖山羊肉

瞧他们高兴成这样，搞得我都想再送他们几只羊了。

　　去蝗虫区之前，得先饱餐一顿。我决定趁机观察一下毛里塔尼亚人是怎么宰羊的，因为平时忙于调查，还从没见识过。司机朱迪乌按着羊腿，厨师穆罕默德一边念咒语，一边用刀割开山羊的喉咙，然后把它挂在树上，娴熟地肢解起来。穆罕默德经验丰富，用富有节奏感的动作剥下羊皮，切下各个部位。他们不会一次性把整只羊都做了，而是先吃容易坏的内脏，瘦肉则做成肉干。

　　内脏不切成小块，整个扔进荷兰锅，盖上网状的肥肉，撒上岩盐，准备工作就完成了。接下来只需盖上盖子，架在篝火上煮。

　　一个小时后，丰盛的"山羊下水锅"大功告成。装到大盘

树下午餐。左边近处的树枝上挂着的就是山羊的瘦肉

子里，在地上坐成一圈，徒手享用。每个人都吃得津津有味，"Merci"不绝于耳。

　　饱餐一顿后，厨师回收了大家啃过的骨头，还把我叫了过去，说"让你开开眼"。只见他用石头砸开骨头，把骨髓混入淘过的米，看来是要教我怎么做山羊肉烩饭。我吃过这道无比美味的烩饭，至今难以忘怀。当时我对厨师赞不绝口，所以他想借此机会传授秘方吧。

　　他还分享了一个生活小智慧：把两厘米粗的骨头敲开两头，掏出骨髓，就能当烟斗用了。这一切都能证明我们之间的距离是越来越近了。好极了！

　　用大火一鼓作气煮熟，便是一锅美味的山羊肉烩饭。

"哇，口水都要流出来了……"

白米饭吸饱了醇厚的汤汁，比猪骨汤还要鲜美。吃得太饱，差点无心工作。是时候开口了——我又给蒂贾尼递了个眼神，让他跟心满意足的巴迪提一嘴。

"浩太郎需要活的蝗虫，你们下次要是发现了，先别急着打药，立刻用无线电通知我们，我们会带上山羊赶过去的！"

"好说！"巴迪一口答应。用无线电报个信，就能吃上山羊肉。这样的美事（味）可不常有。多亏了"好处羊"，我总算能独占活蝗虫了。

后来，我跟巴巴所长交代了整件事的来龙去脉，听得他捧腹大笑。他说这样的慰问品能提高沙漠战士们的士气，多多益善。这件事还让所长深刻理解了我对活蝗虫的热情，于是他专门为我定了一条规矩：一旦我选定了调查区域（人称"浩太郎区"），就可以立刻通知各小队按兵不动，等我调查够了再动手。

多亏了巴巴所长和山羊，胜算又多了几分。

友好关系

光阴似箭，我来毛里塔尼亚已经有两年半了。这几年做的研究也催生出了一篇又一篇论文。随着论文的发表，研究所职员看我的眼神都变了。

"浩太郎是穷，但他跟之前来毛里塔尼亚的外国科研工作者不一样！他对蝗虫研究是一片真心啊！"

多亏蒂贾尼大力宣传，研究所里再也没人瞧不起我了。

这些年来，蝗虫研究所经常遭到外国科研工作者的无情利用。费尽心思支持外国人做研究，成果却归了人家，论文上都找不到研究所的名字。甚至有外国人擅自发表了研究所记录了30多年的数据。吃亏的次数多了，大家难免对外国来的科研工作者起戒心。我每次发论文都是跟研究所的同人联名的，这才渐渐赢得了大家的信赖。

日毛友好关系的稳步加深也加快了隔阂的弥合。日本第一任驻毛里塔尼亚特命全权大使东博史先生和他的继任者吉田润先生先后访问研究所，并邀请蝗虫研究所的科研工作者去大使官邸共进晚餐。大家一边享用非常美味的日本特色菜肴，一边探讨蝗虫问题。多亏两位大使的悉心安排，研究所上上下下对日本的印象是越来越好了。

日本农林水产业国际研究中心（JIRCAS）在日本举办国际研讨会时，特意邀请巴巴所长上台介绍非洲的蝗虫问题，我也有幸得到了陪他去日本的机会。巴巴所长访日期间，我们会见了外务省非洲第一课的福原康二外务事务官，还访问了在东京的毛里塔尼亚大使馆，与毛里塔尼亚驻日本特命全权大使Ngam先生就蝗虫问题进行了会晤。说来也巧，Ngam大使是巴巴所长的朋友，两人直呼"真没想到能在东京见上一面"。

我也希望毛里塔尼亚和日本可以走得更近，便加入了日毛友好协会，在会员们积极举办亲善活动时学习取经。

发现蝗虫的报告与日俱增。每个人都能感觉到，悲剧正在悄然迫近。

就在局势越发紧张时，我收到了一封电子邮件——

审判日

"长大了要当法布尔那样的昆虫学家。"

追梦多年的穷博士终于迎来了最后的审判。

早上睁眼一看，邮箱里多了一封未读邮件，题为"2013年度京都大学'白眉计划'审查结果"。事关重大，可不能睡眼惺忪。用凉水洗了把脸，端坐在椅子上，点开邮件。这么惊心动魄的清晨着实前所未有。

邮件正文写着"审查结果如附件所示"，看不出个所以然来。照理说校方没必要跟落选的人多啰唆，附件却有足足四个。

"看这架势，莫非……"

我长叹一口气。苍天啊，让我入选吧！下载附件，战战兢兢点开。一行字映入眼帘。

　　恭喜您入选白眉计划。

"您"指的是我吧？文件里也有"前野浩太郎"这个名字。入选了。真的入选了。我成白眉学者了。一放心，全身顿时一软。不可思议的是，我并没有手舞足蹈，而是怀着平和的心情，细细品味着入选的现实。终于不用担心钱的问题了，终于可以专心搞研究了，终于……

平静片刻后，我恢复本性，欣喜若狂。

成了？真成了？可以继续研究蝗虫了？天啊，怎么办啊！喜悦排山倒海而来，不赶紧发泄一下，怕是要当场狂喜而亡了。

先打 Skype 电话跟父母报喜，再冲去所长办公室。

"巴巴所长！总算能给您报喜了！京都大学要我了！那可是日本最顶尖的大学，培养出了好多诺贝尔奖得主呢！"

"哦哦哦哦哦！Congratulation（恭喜）！瞧我说什么来着！我就知道你的努力一定会有回报的，压根就没担心过。日本最顶尖的学府录取了一个研究沙漠蝗虫的博士，这对非洲也是莫大的鼓励。那些当初没搭理你的机构肯定会后悔的！"

巴巴所长不留余力地拍我的肩膀，为这场大胜送上祝贺。

"多亏您这些年的大力支持，都不知道该怎么谢您才好……终于轮到我报恩了。我会继续研究蝗虫，尽我所能回馈研究所的恩情！"

"尽情展现你的实力吧！"

蒂贾尼也乐开了花。

"要不了多久，你就能带着大项目过来，在西非呼风唤雨了。到时候可别忘了雇我啊。恭喜你，professor（教授）！"

我沉浸在欢喜的余韵中，久久无法自拔。

细细想来，我在这一年里改变了许多。没有收入的日子，让我体会到了贫穷的切身之痛，感受到了雪中送炭的温情，更听到了自己的心声。研究蝗虫，就是我愿意为之奋斗终生的事业。深陷窘境时，"想要研究蝗虫"的信念也没有丝毫动摇。

我不会再迷茫了。就在研究蝗虫的道路上继续走下去吧。"能做研究"原来是这么幸福的一件事啊。本以为做研究是理所当然的，直到差点失去，才深刻认识到了研究机遇的可贵。我比没有收入之前更热爱研究了。

我在博客上分享了实现儿时梦想的喜悦，当天便有两万多位粉丝赶来庆贺。推特也遭到了大量祝贺评论的轰炸，花了好几个小时才回复完。

除了我，还有第二个仅仅因为"找到了工作"就得到了这么多祝福的博士吗？瞧粉丝们激动的样子，不知道的还以为被录取的是他们自己呢。刚开始写博客的时候，每天的访客还不到十个。可不知不觉中，竟有这么多人关注着我，为我加油鼓劲。人生至幸，莫过于此。

President 的石井先生在网站上发布了一篇番外专题报道，题为《蝗虫博士卷土重来》，为喜庆氛围再添一把火。面试前做的访谈竟被他用在了这儿，想得也太周到了。"蝗虫博士怎么可能申请不上白眉计划呢"——石井先生没有对结果表现出一丝一毫的惊讶，这份淡定反而让我吃惊不小。

申请白眉计划时，需要提前选定要投入京都大学的哪位专家门下。京都大学的昆虫研究室不止一个，但我格外崇拜昆虫生态学研究室的松浦健二教授。

松浦教授专攻白蚁的社会性，在学术研讨会上接连公布重磅发现，每次汇报都听得我心醉神迷。找松浦教授询问接收意向时，他二话不说就同意了。能在日本顶尖的昆虫生态学研究室与自己心悦诚服的专家、博士后和学生们共事，想想就叫人热血沸腾。"生态学"是野外调查不可或缺的基础，但我还没有系统学习过。借此机会查缺补漏，就能实现更高质量的野外调查了。

可以平时住在日本，到了蝗虫出没的季节再去非洲。只要充分利用在日本的时间刻苦修炼，努力提升研究水平，取得新发现的机会定会大大增加。这下就能在最理想的环境里做研究了，还有比这更值得期待的吗！

再次访问京都大学参加入职典礼时，我竟在会场见到了越川博士，还有一起参加 Skype 聚会的山道真人博士（他的研究方向是用数学破译生命现象）。那一年竟有三位生物学领域的科研工作者入选白眉计划，堪称奇迹。比我们先一步成为白眉学者的细博士也张开双臂，欢迎我们的加盟。

终于可以毫无顾虑地将所有精力投入研究了。舞台已布置妥当，就等蝗虫爆发了。我若真是天选之子，就定能直面"天谴"。我坚信宿命的安排，在毛里塔尼亚静候决战的时刻。

第八章

挑战“天谴”

“天谴”再度降临

这一年，“天谴”降临在非洲大地。各地相继出现蝗虫，部分地区已遭蝗群蹂躏。农作物受损严重，若情况进一步恶化，就很有可能爆发饥荒。联合国粮食及农业组织蝗虫防治工作组认为事态严峻，通知各国为全面抗击蝗灾做好准备。

毛里塔尼亚的蝗虫研究所当然也没有闲着。调查小队日复一日地深入沙漠，以便在第一时间锁定蝗虫的爆发地。

反常的大雨恐怕也是让事态恶化至此的原因之一。回顾历史，便知蝗虫大爆发的每一年都经历了久旱之后的暴雨。今年正是如此，情势极其危急。

为什么久旱后的暴雨会导致蝗虫爆发？学界尚无定论，以下是我的个人见解。

干旱逼死了蝗虫和它们的天敌，将沙漠化作寂静的大地。

蝗虫分散到非洲各地，在极少数留有植物的区域苟延残喘。

第二年，大雨倾盆，植物纷纷萌发。而能最快抵达植物所在地的，正是有长途迁徙能力的沙漠蝗虫。换作平时，还有天敌削减蝗虫的数量。但新一代蝗虫成长在没有天敌的"天堂"，存活下来的个体自然就多了，导致个体数量在短时间内爆炸性增长。

蝗虫一旦长成拥有强大飞行能力的成虫，就会入侵邻国，受灾范围也会迅速扩大。毛里塔尼亚是蝗虫的源头，必须趁它们还是机动性相对较低的若虫时重拳出击，否则"天谴"将再度席卷非洲。

惨祸的倒计时已然启动，人们不得不与时间赛跑。

紧急新闻发布会

2003 年，由于在蝗虫爆发初期防治不力，非洲受灾严重。为免重蹈覆辙，巴巴所长在战役刚打响时就动员了所有的力量，全力防治蝗虫。多年的经验告诉他，走错一步，就是万劫不复。

调查小队以破竹之势歼灭了各处的敌人，问题在于不知道经费还能支撑多久。研究所的年度运营预算约为 1 亿日元。其中大部分用于防治虫害，涉及雇用人员、采购汽油、养护车辆、购买杀虫剂等方面。

年度预算的一半由政府出资，另一半则需要研究所自行解决，所以只得依靠世界各国的援助。主要援助者是世界银行和各国外交部，日本也在 2004 年援助了 3.3 亿日元，供毛里塔尼亚、乍得和马里防治沙漠蝗虫。

由于蝗虫发源于沙漠，而沙漠又非常广阔，很难准确预测蝗虫爆发的时间与规模。在无法展望未来的前提下，人们很难判断是该保留部分资金以备不时之需，还是该全部投入使用。这与雪乡的除雪问题有着异曲同工之妙——只下了一点雪就投入大笔经费除雪，真下大雪的时候就没钱可用了，整座城市都有可能瘫痪停摆。

在理论层面上，"在恰当的时机采取恰当的行动"当然是最理想的，奈何敌人是无法预测动向的大自然。与其纸上谈兵，还不如相信拥有30余年蝗虫防治经验的巴巴所长的直觉。

通常情况下，"体系"本应随着经验值的增加日益完善。但蝗虫防治工作面临着无法克服的障碍，连维持体系都成了一桩难事。而障碍的源头，正是蝗虫爆发的无规律性。

不闹蝗灾，有关部门就会认定"蝗虫防治工作不需要大笔运营资金"，于是预算就会遭到无情削减。由于资金有限，防治机构无法长期聘用专业的虫害防治人员，只得狠心裁员。被烈日灼烤的车辆也会加速老化。等到了真正需要防治蝗虫的时候，整套体系早已是千疮百孔，仅仅投入资金也无法发挥应有的作用，不得不靠一群没有防治经验的门外汉应对国家的危机。而蝗虫好像特别会挑时候，总是在防治体系最为脆弱时来个突然爆发，席卷非洲。

由于毛里塔尼亚近几年没有遭遇严重的蝗灾，各方的援助都断了。一位防治专家的价值足以匹敌十支部队。巴巴所长省吃俭用，好不容易才保住了最核心的力量。专家们手中的利刃从未生锈，锋利如初，因为他们定期参加虫害防治培训，时刻准备着。

日本的年度预算是不能结转到下一年的，但研究所的预算可以。所以碰上没有闹蝗灾的年份，就可以老老实实把钱攒下来。然而，这一年的战斗才刚刚打响，研究所就已经出现了财政困难的迹象。

西非地区的日常防治经费为 3 亿日元左右，可一旦需要在蝗虫爆发时加以应对，相关费用就会暴增至 570 亿日元。要是等蝗虫爆发了再筹钱，一线就会因为迟迟得不到资金支持，延误战机。巴巴所长深知火速筹措资金的重要性。不趁现在将蝗灾扼杀在摇篮里，后果将不堪设想。为了让毛里塔尼亚全国和全世界认识到事态的严重性，研究所做了一个史无前例的决定：将各路媒体请到蝗虫爆发的一线，也就是茫茫沙漠，召开紧急新闻发布会。

研究所在沙丘上搭起巨大的帐篷，请媒体记者和农业部长等相关人士来到一线视察。为彰显研究所的凝聚力，尚有余力的小队自全国各地赶来助阵。外国科研工作者的存在有助于凸显事态的严重性，因此所长让我也去露个脸。

不凑巧的是，蒂贾尼喝了太多冰牛奶，蹲在厕所出不来了。"对不起，我今天怕是开不了车了，先回去了"——他撂下这句话因病早退，我便雇了个替补司机赶赴会场。

巴巴所长在摄像机前展示了在各处啃食植物的若虫大军，向政要们解释毛里塔尼亚的形势有多么严峻。宣传活动顺利落幕，只盼着各方能有所触动。

沙漠之中的紧急新闻发布会会场

巴巴所长向农业部长汇报近况。国家级电视台
介绍了当天的灾情动态

沙漠蝗虫的若虫成群结队

太阳快落山了，研究所的 30 名成员就地野营。就在夜深人静时，我的噩梦在漆黑一片的沙漠中化作现实——

惨遭一击

大家都睡下了，我却单枪匹马夜探沙漠，心想多找到一只蝗虫也是好的。

我走了约莫两千米，寻找傍晚时分见到的那群若虫。但它们似乎已经转移了，不见踪影，害得我只能在周边瞎转。

走到留在营地的灯只剩米粒大的地方时，总算是有了收获。若虫们挤在光秃秃的植物上，不留一丝缝隙，仿佛枝头开满了黄花，美轮美奂。蝗虫的夜间观察记录寥寥无几，在夜晚拍摄的照片也是难得一见，岂能不用镜头记录下这珍贵的一幕？我慢慢掏出数码相机，按动快门。

虽然蝗虫们乖乖待在植物上没跑，但夜间的拍摄难度很高，稍不留神就拍糊了。我只得化身"人肉三脚架"，单膝跪地，拍摄宝贵的画面。刹那间，右膝一阵剧痛。是不是压到了植物的刺？起身一看，地上分明有一只蝎子！

其实我刚才就看到了蝎子，也提高了警惕，奈何一找到蝗虫就激动得昏了头，没有及时注意到蝎子的逼近。沙漠如此广袤，我却偏偏跪在了一只蝎子身上，真是倒了八辈子的血霉啊。防风裤不堪一击，一下就被毒刺扎穿了。

无论蜇人的是蜂还是蝎，只要能明确是哪种毒虫，后期治疗就会容易许多。所以我当即决定拍下罪魁祸首的模样，谁知那蝎子迅速躲进树丛，把我撂在了原地。

被蝎子蜇一下可是会出人命的。所幸我专为应对这种紧急情况从日本带来了真空拔毒器。只可惜，我把拔毒器撂在营地了……蠢货！我别无选择，只能尝试用嘴吸出毒液。奈何身体过于僵硬，嘴唇实在够不到伤处，怎么努力都差个十厘米，根本没法做应急处置。

我从没体验过蝎毒，天知道情况有多危险。夜间观察的机会确实难得，可要是丢了小命，岂不是鸡飞蛋打吗！留得青山在，不怕没机会观察，还是保命要紧。

我痛下决心，打算回营地去。可抬眼望去，用作标记的灯光是那样遥远。都说活动会加快毒发，就这么走回去太危险了，还是叫人来帮忙为好。于是我使用头灯的红灯闪烁模式，发送SOS信号，可左等右等都不见人来。抬手看表，原来已经半夜两点，大家早就睡下了。紧要关头，好搭档蒂贾尼却偏偏不在。我实在没办法，只能慢慢走回去。

被蜇的那一下倒也不是很疼，但随着时间流逝，注入体内的毒素渐渐起效了。疼痛不断升级，腿好像也肿了起来。有痛感的区域正在慢慢扩大。我用捕虫网当拐杖，尽可能不累着右腿。本想慢慢走，却在焦虑的驱使下越走越快。

走着走着，伤处生出了一种难以捉摸的感觉。既不是发烫，也不是发冷。这可是我从未体验过的疼法。更要命的是，膝盖每次弯曲，疼痛都会加剧。危机当前，我却忙着佩服蝎子。亏你们能搞出这么厉害的毒液，甚至进化出了用来蜇敌人的毒针。拜你们所赐，我就要去见阎王了。

挣扎着往回走时，一只蝎子从我面前横穿而过。你我无冤无仇，但同类惹事，你也得连坐！我怀着满腔仇恨砸瘪了它，为膝盖报一蜇之仇。

这也许是我最后一次凝望星空了。好不容易被白眉计划录取，却因为蝎毒横尸荒野，怎一个惨字了得。石井先生正打算提前退休，创办一家叫"苦乐堂"的出版社。他说不定会发一篇悼文，题为《蝗虫博士的最后时刻》。不能把人家的才华浪费在这种事情上。说什么都得活下去！我就这样走过了人生中最漫长，也最黑暗的两千米。

千辛万苦回到营地，用上了真空拔毒器，但"为时已晚"之感扑面而来。拔毒器什么都吸不出来，膝盖红了一大圈，看着都提心吊胆。

谢天谢地，毒素似乎停在了大腿根部，没有蔓延到全身。

其他人鼾声大作，我却独自呻吟，拼命用水冷却伤处，尽可能缓解疼痛。

要是大伙早上起来发现我死在了营地，肯定会相互猜疑，想方设法揪出真凶。我可不想带着一屁股的麻烦事上路，便决定留下一句遗言：

"A scorpion bit me."
（我被蝎子咬了。）

把"蜇"错写成了

被我砸瘪的蝎子

翻手头的药箱时找到了母亲准备的感冒药。娘亲啊，你的好大儿正徘徊在生死边缘（图上文字：在那边会不会感冒呢？）

"咬"，看来毒素已经在不知不觉中侵袭了大脑。

也许叫醒大伙儿才是明智之举，可是大半夜的，闹出这么大动静可怎么得了……害羞的性格让我迟迟无法开口求助，硬生生熬到了天亮。

巫术拔毒

第二天早晨，众人陆续起床。伤腿仍剧痛难忍。我一瘸一拐地走向巴巴所长的帐篷。见我情况不对，他连忙打听事情的来龙去脉，然后史无前例地训了我一顿：

"怎么不早说啊！耽误了救治可怎么办！知道这是多大的

巴巴所长捏着伤处念念有词

事吗？先让我看看被蜇的地方，也许现在做什么都晚了。"

所长的关怀令我诚惶诚恐。我按他说的拉起裤子，露出膝盖。所长当场跪下，捏住伤处，闭上眼睛念起了咒语。

一分钟后——

"行了，放心吧。可能要痛上一阵子，但肯定死不了。下次被蜇可得早点说啊。要是有印度的那种能吸收毒液的黑石头就好了，往伤口上一放，分分钟就不疼了。"

巴巴所长猛拍伤处，破颜一笑。

所长显得心满意足，仿佛刚办完了一桩大事。我要真不行了，他肯定没法笑得这么灿烂。看来我靠所长的巫术保住了一条小命（呃，要是您能给点药就更好了……）。

问题是，疼痛并没有缓解的迹象。我实在不敢带毒留宿沙漠，只得让司机立刻发车，赶回研究所。

我打电话叫来了蒂贾尼。

"对不起啊，博士！都怪我闹了肚子，害你遭了这么大的罪。不过你放心吧，我把保安西迪带来了。"

半老的西迪一看就是个很有阅历的人。正如我所料，他跟所长一样跪了下来，念起了咒语（呃……那啥……能给点药吗……）。

咒语不起作用，肯定是因为我不懂当地的语言。事已至此，只能自己想办法了。我请教了"谷歌老师"，感觉犯事的蝎子看着像黄肥尾蝎（Yellow Fat-tailed Scorpion）。维基百科说，黄肥尾蝎是"分布于北非的一种蝎子，体形中等，尾巴较粗，有剧毒，可致人死亡"。情况不妙啊……

最终只得求助日本大使馆的医官，请他开了些止痛药和药膏。我成了日本大使馆开设以来的第一个蝎毒受害者，给大家添了不少麻烦。多亏使馆伸出援手，疼痛在被蜇的 24 个小时后消失殆尽。面向日本人的现代医学啊，请受小的一拜。

我亲身证明了"被蝎子蜇很不好受，但不至于丧命"。这个发现意义重大。这下就能放心大胆地外出调查，而不必害怕潜伏在黑暗中的生物了（被蝎子蜇伤两次有可能引起过敏性休克，所以我其实是离死亡更近了一步，却因为无知意气风发）。

国家地理

川端裕人先生（小说家、纪实作家）特意从日本赶来毛里塔尼亚，助我宣传蝗虫问题。日本版《国家地理》（因大力支持探索与冒险，在全球范围传播新知而广受好评的杂志）官网的特色栏目"探访'研究室'"要做一期沙漠蝗虫专题，川端先生就是为此而来。

这个栏目之前采访过"熊虫博士"堀川大树。因为这层缘分，我和川端先生早就搭上了线。

"我的研究室在撒哈拉沙漠，您不介意吧？"比起这个，"什么时候来"才是本次采访最大的问题。日程必须提前几个月敲定，可蝗虫是否会出现取决于运气（雨水）。第一年就碰上了那场大干旱，根本见不到蝗虫。见势头不妙，我们就早早取消了采访计划。

之前还真有过特意把日本科研工作者请去毛里塔尼亚，却没见着一只蝗虫的事情。《国家地理》杂志的工作人员也曾在毛里塔尼亚苦熬一年，可到头来还是没遇上蝗群。拍蝗虫就是一场豪赌。

这一回，川端先生有备而来，运气也非常好。拍摄时间只有两天一夜，却刚巧撞上了一群蝗虫。

川端先生是位出版过影集的摄影高手。只见他架起火箭炮似的大镜头，对着我和蝗虫一通猛拍。野外调查的主要任务是采集数据，难免顾不上拍纪念照。要是没带三脚架，跟蒂贾尼拍张合照都难。所幸川端先生拍了许多极具震撼力的照片。我化身向导，为他讲解沙漠蝗虫和沙漠中遇到的各种奇妙昆虫。蒂贾尼也用炖骆驼肉招待了这位难得的远方来客。

采访顺利结束，我们把川端先生送去了机场。谁知在回研

川端先生举起"火箭炮",向蝗虫"开火"

究所的路上，我接到了一通陌生来电。原来是川端先生借用路人的手机联系了我们，说他回程的航班居然被取消了，当天也没有航班可以转机。到头来，只得多留一晚。

回国后，川端先生联系我说，价值数 10 万日元的镜头被大漠里的风沙给毁了。沙漠里的沙子颗粒细小，见缝就钻，数码产品根本招架不住，变焦镜头特别容易坏。

普通相机不耐风沙，养护起来也麻烦，所以我平时都用防水防尘的理光 WG 系列数码相机。电脑用的也是松下的"Toughbook"，防水防尘，牢固耐用。据说这种电脑专供军队和消防队，售价 40 万日元，普通电器店是不卖的。在沙漠里生活，难免会有些额外的开支。

"探访'研究室'。毛里塔尼亚国立沙漠蝗虫研究所,前野·乌鲁德·浩太郎",共连载了九期,让日本的国家地理爱好者们大饱眼福〔网上就能看,《探访"研究室"》(川端裕人,筑摩primer 新书)中也有详细介绍〕。

飞蝗来袭

"出现了成群的成虫。"

战栗席卷研究所。大家没日没夜地开展防治工作,怎么还能有疏漏?怪不得任何人,只怪沙漠太广阔了,一处不落几乎是不可能的。漏网之虫在沙漠深处悄悄集结。一小群蝗虫集合,日渐壮大,便发展成了巨大的蝗群。

研究所立即派遣小队赶赴前线,可蝗群偏偏出现在了国家公园里。公园内禁止喷洒杀虫剂,防治专家们便束手无策,因为杀虫剂就是唯一的防治措施。这正是开发不使用杀虫剂的新型防治技术尤为重要的原因所在。小队别无选择,只能紧追不舍。

我赶到的时候,蝗群已然分裂。蝗虫们甩开了调查小队,就此下落不明。预示大爆发的群居型若虫随处可见,成虫却是稀稀拉拉。本想观察成群结队的成虫,却是巧妇难为无米之炊。只能退而求其次,着手观察若虫。

我吩咐蒂贾尼准备扎营,物色起了有趣的研究课题。

"浩太郎,看那儿!!"

蒂贾尼的声音响彻沙漠。我忙着观察挤在植物上的若虫,

蝗虫漫天，叫人提不起劲来数

被他这一嗓子喊得抬起头来。眯起眼睛，只见遥远的天际有一团不规则运动的黑色物体徐徐逼来。我瞬间全身绷紧。毕生难忘的景象映入眼帘。当天空被"乌云"笼罩时，我已是怒火中烧。

知道我为了追你们受了多少罪吗？知道我付出了多少代价，遭受了多少屈辱吗？化作乌云的"恶魔"齐齐飞走，仿佛在嘲笑我一般。那优雅的身姿彻底引爆了我心头的怒火。休想逃！哪怕逃到天涯海角，我也不会放过你们的！

吹过沙漠的一阵风，点燃了我誓死捍卫梦想的斗志。

复仇之火熊熊燃烧。与此同时，我也由衷感激蝗虫犯下的错误。多谢你们趁我身在非洲时大闹一场。是不是以为我已经放弃研究，卷铺盖走人了？我可不会重蹈德国同人的覆辙，非要亲手揭露你们的弱点不可！

还有什么好怕的？！朋友和粉丝抹去了我因孤独生出的焦虑，京都大学让我摆脱了对身无分文的担忧。我可以集中全部的精力尽情研究，是时候展现科研工作者的真正实力了。此时此刻，我依然深爱着蝗虫。可是不取你们的首级就无法更进一步。我不会再心慈手软了。去上帝跟前为自曝行踪感到后悔吧！

"蒂贾尼！"

听到这一声大喊，蒂贾尼便心领神会，用最快的速度收起摊在地上的帐篷零件，装回车里。蝗群在我们收拾东西的同时不断移动。乌云连绵不绝，直至地平线的尽头。这个蝗群大得可怕。莫非是毛里塔尼亚全境的蝗虫都集结起来了？

"好嘞，出发！"

直指蝗群的先头部队，一场殊死搏斗拉开序幕。车超过了一只又一只振翅飞行的蝗虫。我就是为了这场战斗在儿时邂逅了法布尔，念了昆虫专业，不惜断了收入也要咬牙留在非洲。没错，我正是为这场决战而生。我要亲手终结蝗虫的恐怖统治，改写历史。我紧握手中的笔，拿起一册全新的笔记本——

秘密武器

我曾在雷区与蝗群失之交臂，正所谓"吃一堑，长一智"，这一回，我要和蝗群保持恰到好处的距离，以免刺激到它们，然后精准预测着陆地点。一定要抓住机会，来一场夜间观察。

尽管蝗群非常巨大，站在地平线的另一头都能看见，但追踪不断飞行的蝗虫仍是一桩难事。因为蝗虫翱翔于天际，无须担心障碍物，沿地面行驶的我们却不得不绕开接连挡住去路的

将捕虫网伸出车窗，在蝗群中一扫，一眨眼就捉到了大量的蝗虫。只是蝗虫密度过高，导致捕虫网瞬间变重，伤到了手腕

沙丘、盐水池（萨法）、高山与峡谷。

　　单枪匹马追踪蝗群，说不定会被甩掉。所以我们通过无线电联系上了一支调查小队，以包夹之势紧追不舍。今天一下午就跑了 30 多千米。

　　人类有史以来，还从未圆满解决过蝗虫问题。为亲手找到突破口，我们一连追踪了数日，记录下肉眼所见的一切，搜集关于蝗虫飞行和进食习惯的数据，重点调查在学术层面和应用层面上最有价值的事项。

　　那些天，我化身研究狂魔，时刻扒拉着它们的神秘面纱。蝗虫疯狂飞舞，我则疯狂调查，全身沐浴着蝗虫，拼命采集数据。

夕阳下的蝗群

挑战"天谴"。献身蝗群却惨遭无视

通过数日的追踪，我渐渐意识到：看似无序的蝗群活动，似乎有某种微不可察的规律。说来也真是不可思议，我竟能预测出蝗虫的下一步行动了。精神高度集中，五感也调整到了最敏感的状态，蝗群动作的细微差异都能被我捕捉到。蝗虫博士的潜力得到了淋漓尽致的发挥。这片土地就是能让我大展拳脚的舞台。原来"能做研究"是这么幸福啊……我再次痛感，自己是发自内心地热爱研究。

蝗群沿海岸线持续飞行。傍晚时分，阳光渐渐变红。就在这时，风向突变，蝗群也调整了行进方向，低空飞行，向我们直直扑来。我们连人带车被卷入蝗群的旋涡。振翅声凝重如惨叫，震撼着大气。阴森的轰鸣掠过耳畔。

这就是我期盼已久的时刻。是时候使出秘密武器，稳住蝗群了。我精神抖擞地脱下工作服，换上绿色的套头紧身衣，一跃来到蝗群前面。

"来吧，放开肚子啃！"

高举双臂，投身蝗群。"想被蝗虫啃"——儿时的梦想如今正承载着拯救全人类的可能性。如果领头的蝗虫落地啃我，后面的蝗虫定会跟上。如此一来便能稳住蝗群了。

然而，这是一种以命相搏的秘技，说不定只能用一次。由于多年来与蝗虫过度亲密，我得了蝗虫过敏症。扑进蝗虫堆里，怕是会全身爆发荨麻疹，吃尽苦头。

可要是能用我一个人的瘙痒留住蝗群，毛里塔尼亚就得救了。明知要丢掉小命，也得为梦想和全人类挺身而出。拼了！！！

拼死一搏的决心却扑了空。蝗虫们对我视若无睹，只有区区几只蝗虫撞在脸上，既似安慰，又像嘲讽。真够冷静的啊，一眼就识破了套头紧身衣的伪装。布料的颜色明明是那般诱人的翠绿。莫非是它们怕我受苦？为了圆梦，秘密武器还需要进一步改良。归根结底，只怪敌人太不好对付了。

"浩太郎怎么绿了？"

我没有跟蒂贾尼多解释，免得丢祖国的脸（请日本同胞们放一百个心）。天知道什么时候会被再次卷入蝗群，所以我决定穿着这身衣服继续调查。蝗群的飞行速度好像略有加快，许

车在追踪蝗群时爆胎了。燃起的斗志迟迟无法冷却，不摆个拉风帅气的造型就浑身不痛快

是被我吓到了。

持续多日的夜间观察，让我渐渐摸清了蝗群对着陆点的偏好。手中这本观察笔记的科学价值怕是已经远超 5 亿日元了。

深夜时分，我躺在行军床上按摩酸痛的双腿。风拍打着帐篷。多么畅快的疲劳感啊。亏我能咬牙坚持到舞台准备就绪的时刻。这些年的隐忍与努力都没有白费。永不言弃的决心值得热烈的掌声。

不过话说回来，一个频频掉链子的博士能坚持到现在真是太不容易了。此时此刻，我之所以能站在这片舞台上，一方面是因为自身的努力，但更多得归功于各方的大力支持。家人、朋友、日本政府、粉丝、毛里塔尼亚的研究所——我是多么幸

被蝗虫的重量压低的树枝。怎样才能让它们袭击我呢？好羡慕树枝啊

运啊。有朝一日平安回到了日本，一定要好好感谢大家，将这场斗争的故事流传下去。这才是最有意义的报答。

我闭目养神。烙在眼底的，正是白天看到的漫天蝗群。

最终决战

总部一大早就用无线电下达指示，让我们继续追踪、监视蝗群。蝗群正朝着首都所在的方向持续飞行，情况十分危急。必须不惜一切代价阻止蝗群前进，否则首都定会陷入混乱。总统府就在首都。万一让蝗群进了城，总统定会大发雷霆，怒骂"蝗虫研究所到底在干什么！"。为了不让研究所名誉扫地，我们也必须拦住蝗群。

必须在蝗群飞出国家公园的同时重拳出击，否则它们第二天就有可能飞到首都。研究所召集了分散在全国各地的防治小队，时刻准备着全力控制住蝗群。而我的战斗，也会在蝗群飞出国家公园的刹那宣告结束。

要是能随意控制蝗群，就可以把它们留在国家公园里尽情观察了，可惜这方面的秘技还没有问世。这几天的新发现带来的快乐抵消了仇恨，重新唤起了我对蝗虫的热爱。

"别飞了，要飞就原路折返吧！"

可惜上天没听见我的祈祷。蝗群还是飞过了头，落在了国家公园之外。它们任最后的夕阳将翅膀染成一片暗红，悄悄隐入黑暗——

希望在我手中

夜半时分，巴巴所长划破寂静，带着浩浩荡荡的大部队赶来蝗群的着陆点。我与"天谴"的近距离交锋就此落幕。见我因痛失研究机会而垂头丧气，所长把手放在我的肩头，如此劝导：

"浩太郎，不能再让蝗虫逼近城市了。到此为止了。明天就得全部歼灭。希望你能理解我们的难处。"

我也没有资格拒绝，只得默默点头。

天还未亮，防治小队就为最后的战役做起了准备。我则离开营地，开始了最后的观察。蝗虫大军屏息凝神，静候太阳升起。我能在有生之年和它们斗上几回呢？名副其实的劲敌

自全国各地集结的战士们

恶魔尸横遍野

即将迎来灭顶之灾。多么想一直和你们在一起，在你们身旁一同欢笑[1]。可惜天不遂人愿。再过几个小时，研究所便会集结所有的力量，一鼓作气剿灭这群蝗虫。久经沙场的将士们围着篝火，等待黎明。

我真真切切地投身于"天谴"，尽情释放了科研工作者的潜力。将每一道风景都牢牢印在眼底吧。这片撒哈拉沙漠，就是蝗虫博士发光发亮的舞台。

儿时的我是那样崇拜法布尔，只觉得他耀眼夺目，只看到了他作为昆虫学家的伟大之处。然而在多年后的今天，我终于意识到，他的伟大其实都凝聚在昆虫研究生涯的幕后。大人只

1　此处借鉴了 PRINCESS PRINCESS 的名曲《M》的歌词。

会跟孩子讲述梦想的美好。当年的自己完全无法想象，在实现梦想的道路上会有多少艰难困苦。如今了解到了梦想背后的真相，倒觉得离法布尔又近了一步。

非洲的希望尽在掌握。是时候挺起胸膛，让蝗虫们见识一下乌鲁德的英姿了。你们绝不会就此消亡，而是会永远活在我的论文里。

不等阳光普照大地，发动机便已咆哮起来。大限已至——我合上观察笔记，向蝗虫道谢告别，转身离去。

在研究所的强势镇压之下，"天谴"在那一日悄然归于尘土。

第九章

撒哈拉非我葬身之地

意外的重逢

接连数日不分昼夜的走动调查把人累得够呛。为保险起见，我窝在房间里，埋头输入数据。"啊嗒嗒嗒……"[1]渴望已久的海量数据已经到手，当然要狂敲键盘。

蒂贾尼每天早上八点带着新鲜出炉的面包来招待所。我会赶在他来之前冲个澡，干点活。他在厨房用勺子敲一下咖啡杯，就说明早餐都准备好了。互道早安后，我发现今天的蒂贾尼笑得特别欢。

"浩太郎，还记得那个帮忙布置诱捕器的人吗？就是请我们喝羊奶的大叔。他昨天在电视上夸你呢！"

"真的假的？！是那个很有钱的大叔？我就知道他不是

---

1 漫画作品《北斗神拳》的主人公拳四郎出招时的喊声。

一般人！"

据说在前一天晚上播出的一档谈话类节目中,一群有头有脸的大叔对毛里塔尼亚的研究机构进行评价,也提到了我们蝗虫研究所。嘉宾们夸我们勤劳能干,表现突出,给予了高度评价。

嘉宾之一对我大加赞赏:

"我见过一位来自日本的年轻科研工作者在沙漠深处研究蝗虫,不知道他姓甚名谁,只知道他在没人关注的大漠之中为毛里塔尼亚刻苦研究。他和蝗虫研究所都为我们国家做出了巨大的贡献。"

蒂贾尼没来得及看清嘉宾的名字和工作单位,但很确定他就是那天款待我们的大叔。看来大叔应该是个很有地位的人。我们就这样在电视上"露了把脸",难怪蒂贾尼欣喜若狂。付出的努力被人看在眼里,我也深感欣慰。

我有一种预感:继续在毛里塔尼亚做研究,说不定能在某处与大叔重逢。要是真的有缘再见,我一定要亲口向他道谢。

诀别之时

回国的日子越来越近了。漫长的旅毛生活即将落幕。

蒂贾尼这些年拿着超高的工资,生活富足,却没攒下几个钱。因为他一会儿改房门的朝向,一会儿办婚礼的,破了不少财。好在研究所会在我走后继续雇用他,没什么可担心的。

不过有两个"人"必须在我离开之前做到自食其力。那就是刺郎和勇郎。刺猬们过惯了衣来伸手、饭来张口的日子,我很担心它们能否回归自然。当初是我为研究搅乱了它们的"猬生"。在放归大自然前，好歹得帮它们"复健"一下。奈何两个小家伙实在太可爱，让我迟迟狠不下心来。

刺猬们起初住在招待所四米见方的走廊里，清洁工小哥每天早上会帮忙打扫一下。可后来研究所里多了一位来自马里的科研工作者索里，于是刺郎它们就搬去了实验室。

蒂贾尼刚去实验室喂过蝗虫，便在厨房宽衣解带，裸着上半身苦苦挣扎。

"最近实验室里有好多 puces（跳蚤），痒死我了！"

他皱着眉头，疯狂挠背。确实，我最近每次去实验室都会被跳蚤叮咬。踩着凉拖做实验，跳蚤就会沿着脚爬上来，害得我只能不停地跺脚，仿佛在跟着音乐打节拍。

没法在实验室里静下心来做研究可是大问题。幸亏腿毛能敏感地捕捉到跳蚤的小动作，它们不至于次次得逞，但也有一些"漏网之蚤"穿越腿毛的缝隙，将口器扎入柔软的皮肤。

跳蚤多得诡异。为了调查到底有多少跳蚤，我套上齐腰高的垃圾袋（以防跳蚤爬上来），站上实验室的白色地板。没过几分钟，黑点蹦蹦跳跳而来，一眨眼就把我包围了。垃圾袋表面光滑，跳蚤爬不上来，可以不慌不忙地观察。眼看着跳蚤蜂拥而至……数量多得叫人不寒而栗。

跳蚤叮咬带来的瘙痒程度比蚊子猛上三倍，而且瘙痒会持续一个多月，伤口迟迟无法愈合，用"无比滴"[1] 都搞不定。我

1　日本知名止痒药，专治蚊虫叮咬。

只能托人从日本寄了点最强止痒膏"特美肤"过来，咬牙坚持。

跳蚤这么多，说明实验室的某处成了它们的繁殖基地。我带着一批跳蚤，踩着垃圾袋一摇一摆，四处游荡，试图找到源头，却是一无所获。不是沟沟缝缝，就是隐蔽之处。无论如何，都得想办法除掉它们。

实验室里养着蝗虫，用不了杀虫剂。于是我改用陷阱，摆了一地装满水的盘子，用来淹死跳蚤。跳蚤移动全靠跳，第二天就收获了100多只。我盯着漂浮在水面上的跳蚤，一想到自己天天都在这样的环境下干活就浑身发痒。

一连抓了好几天，跳蚤的数量以肉眼可见的速度减少，却始终无法根除。蒂贾尼和我头痛不已，天天挠个不停。

某日与刺郎玩耍时，我注意到它背后的刺深处的白毛上沾着黑色的颗粒。定睛一看，竟然是跳蚤。天哪，到处都是！刺郎和勇郎都被叮了！都怪我没及时发现，可把它俩害苦了。我深知被跳蚤咬有多痒，心中万分愧疚。本想帮它们清除跳蚤，可……那一根根针让人下不去手啊！

这边不比日本，买不到猫狗用的驱虫用品。我下定决心，打算借此机会放刺猬们回归自然。为了赎罪，好歹先给它们洗个澡，冲掉点跳蚤吧。

招待所前面有一根给植物浇水用的水管。我把刺猬们放进盆里，用水一通猛冲，果然冲出了不少跳蚤。好不容易洗干净，再当场放归。研究所有围墙，但院门有缝，它们可以自由进出。

为寻找藏身之地，回归野外的刺郎与勇郎一路小跑，躲去了卡车的轮胎后面。

野外调查时遇到的野生刺猬。拼命蜷起身子的模样也好可爱哦

刺郎大嚼蝗虫。翅膀剩着不吃，真够机灵的

当天夜里，我提着头灯在研究所的院子里瞎转，只见刺郎与勇郎也在四处游荡。踩了几下凉拖，它俩就凑过来了。刚放归的时候还是给口吃的吧……于是我在它们住过的房子门口放了些猫粮和水，这样就能随时吃到了。我还把解剖过的蝗虫尸体放在外面试了试，结果一天就没影了。刺郎与勇郎好像很爱吃蝗虫，而且会剩下翅膀，别提有多机灵了。我不禁怀念起了它俩偷吃拟步甲干扰实验的往事。

虽有万般不舍，但回归自然的过程很是顺利。一个星期后，刺猬们就忘记了凉拖的声音，怎么踩都不来了。一个月后，它们完全把我当成了敌人，一见面就蜷起身子，严防死守。忘了我也不要紧，能恢复自然态就好。

刺郎与勇郎自立谋生，我却铸下大错。洗刺猬们留下的"跳蚤水"被我随手泼在了地上，可跳蚤并没有被淹死，而是潜伏在了招待所附近，伺机入侵了我的房间。跳蚤问题就此升级。

话说野生动物有可能携带各种病原体。众所周知，老鼠携带鼠疫杆菌，而这种病菌会让人皮肤发黑、高烧不退，甚至一命呜呼。天知道刺猬会不会传播鼠疫，但吸过刺郎的血的跳蚤让我和刺猬有过"间接亲吻"，我还真有可能染上怪病。虽然目前还没发病，但什么时候爆发都不足为奇。将野生动物当宠物养的自私行为招来了不堪设想的天谴。

扬帆起航

直到回国当天，我也没有停止研究的脚步。

当时我正在研究蝗虫的耐饥性，想看看蝗虫能在没有食物的情况下存活多久。最后关头，它们再一次超乎预期。只要有水喝，它们竟能在饥饿状态下生存一星期以上。这么小的昆虫置身于严苛的沙漠，却能不进食撑上一周，这也令我痛感蝗虫的威胁之大。

本想有始有终，采集到全部的数据，可直到回国当天，它们还活蹦乱跳的。其实我很清楚自己来不及在离开毛里塔尼亚之前完成这一系列的研究。留点遗憾，才会在懊恼的驱使下杀回来。说白了就是想找个回非洲的借口。

我赶在出境的两个小时前解剖蝗虫，观察它们身体的内部。好巧不巧，竟在回国当天收获了有趣的发现（暂时还不能透露）。为了更确定自己的猜测，只得一边留意时间，一边继续解剖。蝗虫的尸体就是给刺郎它们的最后一份礼物。终于能回日本了……好想留在毛里塔尼亚啊……安心与不舍交织。

巴巴所长让我好好珍惜"乌鲁德"这个名字。"乌鲁德"是毛里塔尼亚最具敬意的中间名，意为"某某的后裔"。看看毛里塔尼亚人给的名片，你会发现"乌鲁德"持有者的占比相当高。

在巴巴所长赐名后不久，毛里塔尼亚政府问出了一个直击灵魂的问题：

"每个人不都是某个人的后裔吗？还要哪门子的'乌鲁德'呢？"

政府出台了法律修正案，让民众删掉名字里的"乌鲁德"。巴巴所长也只得告别相伴五十载的名字"穆罕默德·阿卜杜拉·乌鲁德·巴巴"，突然改名为"穆罕默德·阿卜杜拉·埃贝"。然而在蝗虫领域的国际会议上，大家都是用"巴巴"称呼他的，自称"埃贝"就没人认识了，很影响他开展工作。无奈之下，他只能在名字后面加上"as known Babah"（大家熟知的巴巴），但混乱仍未平息。

临别时，巴巴所长略显落寞，但还是高高兴兴地对我说：

"这几年真是难为你了。回了日本就不用再忍着了，跟亲朋好友多喝两杯啤酒吧。没想到我的乌鲁德到头来居然传给了你，啊哈哈……以后毛里塔尼亚就没有乌鲁德了，有位日本人将它传承下去也好。年轻的日本武士，带着这个名字活下去吧！"

我和研究所的同人们相约继续合作，与毛里塔尼亚的家人们暂时告别。

怀揣乌鲁德之名，挺起胸膛回日本去吧，回到故乡的怀抱吧（毛里塔尼亚还有不少人用着"乌鲁德"，毕竟总统的名字里还有呢）。

衣锦还乡

3月的秋田已是冰雪消融。可是对从沙漠归来的我而言，故乡实在是太冷了。拜千锤百炼的身体冷却功能所赐，我是一刻都不敢离开被炉。电视屏幕看着格外清晰。莫非是闯荡沙漠提高了视力？倒也没那么神奇，不过是去非洲的这几年，电视信号从模拟的升级成了数字的罢了。

回国后的第一项重大任务，就是回母校——秋田县立秋田中央高中办一场讲座。母校入选了文部科学省的"超级科学高中"项目（旨在通过理科教育培养出未来能在国际上大展拳脚的科技人才），请我回去聊聊科研也是该项目的一个环节。

在非洲的时候，我荣获了秋田县山下太郎显彰育英会的学术研究鼓励奖（面向与秋田县有渊源的青年科研工作者），奖金100万日元。裹药粉用的糯米纸就是这位山下先生的发明。

由于当时我人在非洲，无法参加颁奖典礼，只能请父亲代为领奖。得知本校毕业生获奖，母校的宫崎悟校长也专程赶来庆贺。因为这层缘分，我才接下了办讲座的重任。宫崎校长即将退休，殷切希望我能在那之前把事给办了，万幸是赶上了。

校长请我"一定要跟学弟学妹们讲讲梦想的重要性"。

一年前的我没了收入，深陷绝望的深渊。那个时候聊梦想，高中生们定会投来怜悯的目光。但如今的我是个34岁的有志青年，浑身上下洋溢着梦想与希望。哪怕像我一样资质平平，只要在众人的帮助下不懈努力，运气也够好的话，就可以实现"拿着工资研究蝗虫"这般放肆的梦想。

讲座当天，我在校长办公室脱下带回日本的西装，换上毛里塔尼亚民族服装，缠上头巾，一袭"正装"来到体育馆门口，准备来一场"衣锦"还乡的凯旋演讲。

里面的人一打信号，我便从正门入场。高中生们穿着叫人怀念的校服，夹道欢迎。过道直直通向讲台。铜管乐队奏响熟悉的旋律，全校师生齐唱校歌。啊……青葱岁月的一幕幕浮上心头。

站在台上，放眼望去……高三那年的初夏，我所在的软式网球队即将出征全国联赛的预选赛，当时就是在这座体育馆办的欢送会。可惜我连替补都算不上，只能默默躲在舞台的角落。16 年后的今天，昔日的少年却站在舞台中央，独占了所有人的目光。

这样的讲座本没有什么新闻价值，但《秋田魁新报》的记者和电视台的摄影师都来了。默默支持我多年的父亲、在 *President* 杂志上连载时对我多有关照的石井先生也在台下。在怀旧而愉快的气氛中，我切身感觉到自己平安回到了故乡。

"长大了想当个昆虫学家"——无忌童言居然成真了。去非洲前的自己有没有预见到这一天的到来呢？我在梦想的指引下走到了今天。虽然有点难为情，但自豪感涌上心头。不能辜负大家的期望。来都来了，只能硬着头皮讲了。好戏开场！

这年头的高中生喜欢什么，对什么感兴趣，我自是一窍不通。他们爱听什么呢？苦思冥想后，我决定来一场蝗虫浓度极高的演讲，好好炫耀一下"做自己喜欢的事情有多爽"。屏幕上每次出现足以让怕虫子的人留下心理阴影的惊悚影像时，都会激起体育馆内高中女生们的一片尖叫。近 500 名高中生里没一个打瞌睡的，个个神情专注，仿佛正陶醉于妖异的演讲，还有人边听边做笔记呢。见听众的反馈如此积极，我自是越讲越起劲。

讲着讲着，连秋田口音都复活了。以自然状态发言是最轻松的，不用在脑子里把每句话都翻译成英语或普通话。回老家的感觉可真好啊……

在问答环节，正值青春的女孩子们使劲向我挥手。这种众星捧月的感觉可太新鲜了。还有个男生有感而发："我也想成为乌鲁德！"

也许我就是为了今天这个大好日子才努力奋斗了这么多年。宫崎校长备下的这份礼物也太暖心了，我岂能甘拜下风。

"奏乐！"我一给信号，体育馆中立刻响起了颁奖典礼常用的《英雄凯旋曲》。实不相瞒，我为宫崎校长准备了一个小惊喜，提前找毛里塔尼亚的工匠定制了两块雕有母校校徽的铜牌。就这么递给人家也太没意思了，所以我在讲座开始前不久跟铜管乐队的佐佐木老师打了声招呼。明明是临时加的曲子，队员们却演奏得完美极了，平时的苦练大放异彩。

我们请校长上台。

"宫崎校长，恭喜您圆满毕业！"

我亲手奉上铜牌，冒昧地操办了校长的"毕业典礼"。宫崎校长热泪盈眶。学生会会长代表全校师生接下了另一块铜牌。我就这样在母校狠狠放飞了一把。

我个人觉得讲座办得还是很成功的。不了解内情的听众也许会误

雕铜牌的工匠。从没见过的汉字都雕得分毫不差

以为活动方案是蝗虫博士自己构思出来的，其实不然——这场讲座集结了我从良师益友那儿学来的各种技艺。

犀利的发言，还有尊重晚辈的态度，得益于石井先生的言传身教。降低讲座的门槛，让讨厌虫子的人也敢睁着眼睛听下去，最大限度展现昆虫的魅力，本是 Mereco 女士的专长。为校长准备小惊喜的灵感，来自"niconico 学术研讨会 β"的江渡先生。还得感谢巴巴所长和蒂贾尼将穷博士领到蝗虫跟前，让我在毛里塔尼亚尝遍了酸甜苦辣。

我把这些年的所见、所闻、所感统统"安装"在自己身上，这才打造出了今日的讲座。很庆幸能赶在生命落幕之前，将人生中遇到的前辈们传授给我的经验交到下一代手上。当众发言也是无比愉悦的体验。看到台下的听众都乐在其中，我也是备感畅快。

我已从孤零零的"散居型"，升级成了能和伙伴们分享喜悦的"群居型"。

不过……把讲座办成这样要不要紧啊？不会有人找教育委员会投诉，说我强迫他们看虫子的图片吧……

所幸现实迅速打消了这份顾虑。AAB 秋田朝日电视台当晚就播了这样一条新闻："秋田市走出来的蝗虫博士回母校举办讲座"。前野家的电话很快就

节目预告上了报纸的公告栏（预告内容为"6.15 ABS 新闻 拯救非洲人民！世界注目的蝗虫研究第一人"）

响了。三姑六婆纷纷打来电话："哎哟，我在电视上看见你们家小浩啦！"第二天的《秋田魁新报》也做了相关报道。

明明没在讲座中提起，母校的学弟学妹们却陆续找到了我的推特，点了关注，还发文道谢。粉丝数在短短三天内暴涨近300。多懂事的高中生啊……这年头都流行这么道谢吗？真是再没有比这更暖心的了。

后来，以清晰准确报道著称的 ABS 秋田电视台也派田村修主播来到前野家采访。随行摄影师竟是我的童年玩伴出云辉彦。小时候我们两家人住得很近，经常一起玩。没想到长大成人后我们会以这种形式重逢。当天晚餐时间，电视台便大张旗鼓地播出了采访片段（蝗虫的画面略做了些删减），还配了个叫人诚惶诚恐的标题——"独一无二的学者 远赴非洲追梦"。

秋田车站前的淳久堂书店也特意搞了个《孤独的蝗虫成群

父子俩怀着紧张的心情接待来访的田村主播（ABS 秋田电视台）

结队时》专柜，为本地作者加油鼓劲。

故乡的怀抱，温暖了冻僵的身躯。

最后的流浪

超越偶像是仰慕者的使命。非洲之战已然落幕。虽然还没能真正超越法布尔，不过单论对沙漠蝗虫的了解，我有信心胜法布尔一筹。哪怕全身上下只有这一点拿得出手，能在某个方面超越自己崇拜的人仍令我无比自豪。

这么想也许是自负了一点，傲慢了一点。人们常说，人一旦失去了谦虚，就会停止成长。但这份自豪定能推动我更上一层楼，成为继续追逐法布尔的原动力。

还远没有到安于现状的时候。不争取到没有任期的终身职位，就无法成为真真正正的昆虫学家。请容我稍稍快进一下：京都大学白眉计划的任期为五年，而我在第三年调去了筑波的日本农林水产业国际研究中心。白眉中心的职位无法连任，日本农林水产业国际研究中心却允许我去非洲深入研究沙漠蝗虫，而且任期虽有限，但只要在五年内做出成绩，便可以实现夙愿，当上全职的昆虫学家。我也是考虑到今后的职业发展才做出了调动的决定。

不仅如此，日本农林水产业国际研究中心还是日本第一所在非洲肯尼亚开展沙漠蝗虫研究项目的科研机构。虽然项目当时仅限于室内实验，而且在五年后宣告结束，但在日本农林水产业国际研究中心研究沙漠蝗虫也是我的一大心愿。日本农林水产业国际研究中心旗下的科研工作者们赶赴世界各地，为解决全球农业、林业和渔业问题潜心研究，在这样的职场工作是多么有意义啊。我也要尽自己所能，为解决非洲的蝗虫问题出一份力。

照理说发论文才是头等大事，我却先写了这本书。谁不想多发几篇论文呢，但我还是想先向这些年支持过自己的每一个人道一声谢，希望这本书能够小小地回报一下大家的恩情。

追逐梦想难免要付出代价，途中的煎熬分外焦心，但美梦成真时的喜悦着实叫人欲罢不能。且不论梦想最终能否实现，其实"拥有梦想"本就能带来许许多多的欣喜与快乐，让你怀着畅快的心情辛勤耕耘。想喝啤酒，想和她约会，想发现新知……有多少梦想，就有多少快乐。所以我每天都在寻觅梦想，无论它们是大是小。

谈论梦想确实有些难为情，但我觉得吧，跟周围的人分享自己的梦想，兴许能换来意想不到的帮助，让事态朝更好的方向发展。回过头来想想，也许"说梦"就是"圆梦"的头号秘诀。

非洲蝗虫研究之旅虽是一波三折，却也带来了无限欢乐。只愿我能久久沉浸在这段旅程的余韵中，继续与虫子们为伴，朝着偶像法布尔更进一步。

后 记

　　毛里塔尼亚也过伊斯兰教的斋月。日出到日落期间禁止吃喝，连口水都不能咽。本就置身于沙漠国度，却还要断水苦修。太阳落山的时候才可以自由吃喝，倒不至于饿死，但也够难熬的了。

　　某年斋月期间，我稀里糊涂地带队外出调查。毛里塔尼亚人在炎炎烈日下滴水不进，看得我直担心他们会不会中暑。自然环境本已如此严苛，又何苦自行加码呢？为了寻求答案，我学着当地人的样子斋戒了三天，发现禁食期间确实辛苦，但能在解禁的那一刻深刻体会到"可以自由自在喝水"是多么幸福。斋月大幅降低了感受到幸福的门槛，微不足道的小事都能让人满足。短暂的斋戒生活让我意识到日常生活中充满了幸福快乐，每一天都轻松了许多。

　　莫非斋月是前人智慧的结晶，有助于在不依赖物质与他人的前提下知足常乐？

没有一起玩的朋友、（本来就）没有女朋友、吃不上家乡菜、没法随便喝酒……我在毛里塔尼亚度过了"这也没有，那也没有"的三年。活命不成问题，却缺了很多在生命中举足轻重的"东西"。将那段岁月比作我人生中的斋月，倒也是恰如其分。

失去的无限多，可收获的又何尝少呢？临时回国期间，在烤肉连锁店大嚼无限量供应的廉价牛五花时，只觉得那些肉美味极了，都不舍得咽下去。便利店里的商品琳琅满目，看得我晕头转向，拿起一个饭团都觉得无比奢侈，心怀感激。我惊讶于自己身上的变化，原来只要降低幸福的门槛，就会对生活的方方面面感恩戴德。平时走惯了崎岖不平的土路，光是踩在日本铺砌过的路上，都觉得难能可贵。话说"难能可贵"在日语里写作"有难味"。也许正因为我经历过困难，才更容易生出感激之情吧。

回到日本不过半年，我就失去了得来不易的感受力。人似乎是一种无止境追求幸福的动物，总会对"理所当然的生活"生出不满，唯有更高质量的东西才能带来满足。要是我有朝一日嫌弃起了曾让自己感激涕零的便利店食品，那就来一场山寨版斋月吧。如此一来，就能不费一金一银实现幸福的升级。

回日本的日子久了，当初那种殊死拼搏的感觉也渐渐淡了。不拾回昔日的上进心，就无法为这本书画上圆满的句号。

我迎来了调入日本农林水产业国际研究中心后的第一次毛里塔尼亚出差。来到非洲 60 天后，我才动笔写了这篇后记。

由于航空公司的托运行李限制非常严格，我没法带任何日本食品过来，所以这次出差成了体验饥饿与寂寥的绝佳机会。

终日沉浸在甜美的诱惑中，以至于松懈到极点的身心被冷不丁丢进了斋月的世界。严苛的条件带来了更甚从前的重压。我每天都咬紧牙关，拼命坚持。说来惭愧，来了还没几天，我就冒出了逃回日本的念头。

许是上天垂怜，规模远超往年的蝗群突然飞入毛里塔尼亚，让我过上了埋头调查的日子，忙得都没时间发牢骚了。多谢蝗虫拉了我一把。

任职于京都大学白眉中心期间，我在京都大学昆虫生态学研究室潜心修炼，而这次出差就是检验修炼成果的大好机会。说句不知天高地厚的话，我的研究能力在这短短两年的学习中进步神速，调查期间的新发现是一个接一个，连我自己都大感惊讶。用新掌握的技能做研究着实快乐，我每天都沉浸在研究中无法自拔。

看到这里，也许有人会说："发了论文再嘚瑟吧！"但我不得不说，哪怕展现在面前的是与五年前相似的场景，我也能单靠肉眼观察有所发现。每每取得新发现，我都由衷感激京都大学的收留与栽培。

虽没能在任职于京都大学期间做出成绩，但今后的所有研究成果都建立在那几年的经验之上。近来我甚至疑心，老天爷怕不是为了把我送去京都大学才刻意为我制造了没有收入的窘境。多谢京都大学白眉计划的救命之恩。我虽已离开京都大学，但可以继续自称"白眉学者"。我打算以"白眉学者"的身份继续投身于科研，竭尽全力回报京都大学的恩情。

我目前的身份是"有任期限制的研究员"，没能在五年任期内取得成果，就会再次坠入没有收入的深渊。若能闯过这一关，就能得到"没有任期限制"的终身职位，可以安安稳稳干到老，也可以光明正大地说"我的职业是昆虫学家"。形势依然严峻，但我会尽情发挥新掌握的技能，昂首迈进。

这本书没怎么提及研究的内容，只怪我疏忽懈怠，还没来得及发多少论文，所以很多发现还无法公开。等论文发出来了，我再以读物的形式介绍给大家。发出多少篇论文，就能公开多少幕后趣事。请大家给我一点时间，耐心等待。

2012年临时回国时，本书的责编三宅贵久先生向我抛出橄榄枝，促成了本书的出版。他也是《高学历穷忙族——量产飞特族[1]的研究生院》（水月昭道，光文社新书）一书的责编，大家都很熟悉的"高学历穷忙族"一词就出自此书。作为一个求职艰难的博士，能与他合作也是冥冥之中注定的缘分。感谢他早早关注到了我的活动，提供了这个难能可贵的机会。

天底下又有几个博士能得到这么多人的关心与支持呢。每一声加油与鼓舞，我都由衷感激。在毛里塔尼亚结识的每一个

---

1 "freeter"的音译，指靠兼职维持生计的人。

人、日本的亲朋好友与各路前辈、日本驻毛里塔尼亚大使、让我既欣喜又难为情的粉丝们……我能走到今天，都是多亏了大家的鼎力相助。

请允许我在本书的最后致以最诚挚的谢意。

2016 年 12 月 1 日 于调查归来的努瓦克肖特

明室
Lucida

照亮阅读的人

主　　编　陈希颖
副主编　赵　磊
策划编辑　陈希颖
特约编辑　王佳丽
营销编辑　崔晓敏　张晓恒　刘鼎钰
设计总监　山　川
装帧设计　山川制本 workshop
责任印制　耿云龙
内文制作　丝　工

版权咨询、商务合作：contact@lucidabooks.com

上海光之室文化传播有限公司　　　　　　Shanghai Lucidabooks Co., Ltd.